從觀察到保育，五位動物專家
帶你走入野外調查的世界

成為小小
生態觀察家

李曼韻、林大利、袁守立、陳美汀、程一駿　著

本書重點一覽 ━━━━━━━━━━━━━━━━━━━━━━━━

林大利 × 候鳥

為什麼要觀察鳥類？

人類的開發，造成候鳥休息以及鳥類繁殖的天然泥灘地快速消失，鳥群數量越來越少。每年的定時定點鳥類數量調查，可以持續追蹤了解其生存狀況，科學家才能及時保護陷入生存困境的鳥種。

林大利的鳥類觀察工作

天還沒亮就要起床，在鳥活動前抵達觀察地點。忍受冬天寒冷的海風找鳥、數鳥。

利用望遠鏡，透過眼睛和耳朵找鳥，在鳥還沒飛走前，快速計數，並與夥伴一同合作記錄。

每年的數鳥嘉年華後，蒐集、整理數據，撰寫報告，準備下一年的活動，周而復始。

李曼韻 × 野蜂

為什麼要觀察野蜂？

人們對蜂的不了解與偏見，因此常常傷害牠們，與蜂的隔閡越來越大。若能透過理解，扭轉大眾對蜂類的印象，才能以尊重關懷之心，友善更多物種。

李曼韻的野蜂觀察工作

不碰觸、不傷害，透過長焦鏡頭，觀察並記錄台灣山林中一隻隻的野蜂。

從蜜源植物尋找愛吃蜜的蜂、耐心觀察蜜蜂梳理花粉、泥壺蜂捏造泥巢、捕捉獵物，並觀察樹上的虎頭蜂蜂窩，藉此了解蜂的特徵與生態。

袁守立 × 歐亞水獺

為什麼要觀察水獺？

目前只在金門看得到水獺，台灣本島以前也有水獺，但很有可能已經滅絕。金門的水獺數量不多，為了保育水獺，必須先透過觀察，了解牠們的特性後，訂定出最佳的調查方式，才能更有效率、有效果的幫助牠們。

袁守立的水獺觀察工作

透過水獺排遺及腳印，找尋水獺出沒地點。

夜視鏡輔助觀察，紅外線自動相機感應拍攝，後續再分析整理影像資料。

留意各種開發案、水獺相關新聞、積極參加生態保育工作等。並持續關心與觀察，期待歐亞水獺能有重返台灣本島的一天。

陳美汀 × 台灣石虎

為什麼要觀察石虎？

石虎是台灣原生的野生貓科動物，經過研究後發現石虎面臨許多生存危機。觀察追蹤石虎，不僅為了研究石虎生態，更希望從這些觀察資料中，找出保育石虎的方法。

陳美汀的石虎觀察工作

石虎很難觀測，只能揣測可能出沒地點，架設紅外線自動相機拍攝。懷著極大的熱忱與耐心，經過六年的等待，終於拍到石虎身影。

以無線電追蹤，分析數據，拼湊出石虎在野外生活的狀況。

野放訓練石虎，讓石虎漸漸適應野外環境，回歸原本家園。

程一駿 × 海龜

為什麼要觀察海龜？

澎湖、蘭嶼及台灣東部的沙灘，是海龜上岸產卵的地方，但人類活動干擾海龜產卵。海龜觀察調查工作，讓大眾認知到人類對牠們造成極大的影響。長時間的觀察記錄，也能了解海龜生存狀況，以及該如何做，才能保育海龜。

程一駿的海龜觀察工作

每晚巡視沙灘，連颱風下雨也要出動。忍受不能睡覺的痛苦，還有蚊蟲大軍的侵擾。

觀察海龜產卵工作要匍匐前進靠近海龜，觀察挖洞產卵行為、計數龜卵、追蹤龜卵孵化、量測小海龜……

運用人造衛星追蹤海龜在海中的動向。

目錄 Content

坐而讀，更要起而行！站起來走出戶外，保護我們的「野」朋友　袁孝維　6
創造自己想要的改變，成為動物小尖兵　鄭國威　9

＊以下單元順序是以動物的可親近度，及可容易執行觀察的難易度來排序

無線電追蹤法

石虎研究員的調查手記　97

晶片追蹤法

半神祕動物——海龜夜間行為觀察　125

坐而讀，更要起而行！
站起來走出戶外，保護我們的「野」朋友

袁孝維（台大森林系教授、台大國際長）

　　很多人一想到野生動物，腦海中就會浮現出「國家地理頻道」或是「探索頻道」，研究人員在大自然裡跋山涉水，記錄優遊其中、有趣且變化多端的動物，我們在短短的時間，看到這麼豐富的生命展現出各式樣貌，因此就愛上了觀察野生動物。然而，觀察野生動物真的是這樣嗎？這些在非洲草原或是熱帶雨林的動物，會像走伸展台一般，逗趣或是生死獵殺的場面，就這麼直接端到我們的眼前嗎？哈哈，如果你真的這麼想，也因為看了影片而決定研讀野生動物行為，那你就上當啦！不過，這倒也是一個有效的方法，讓你愛上大自然，進而願意維護生物多樣性，所以我還是百分之百支持的。

　　觀察野生動物是非常辛苦的工作，除非有極大的熱情與耐心，否則枯等的時間，可能是遠遠超過你和動物的驚鴻一瞥。本書中的五位動物學家，擁有超乎常人的熱情與耐心，善用各式觀察監測工具，還要具備創意去開拓原本並非為野生動物而設計、卻可以變通運用的方法。當然，最、最重要的是，研究者要先向野生動物發問，由前人的發現，釐清要解決的問題，然後整理分析蒐集來的資料，將蛛絲馬跡拼湊成完整合理的故事，這些訓練與能力真的是了不起！

　　有賴於科技發展，如今我們可以運用很多不一樣的工具記錄動物

行為，但是最傳統、也不可替代的，就是一定要先用自己的眼睛觀察。即使可以仰賴望遠鏡幫助，仔細看、慢慢看，但是眼睛還是要張得大大的，不能夠打瞌睡。當然現在也可以運用遠端或無線照相與錄影的方式，如同我們長出了第三隻眼睛，但是事後影像的判讀，也都是需要專業訓練與耐心。

可以看到野生動物是樂事，但是看不到動物才是常事，尤其是許多夜行性的哺乳動物，運氣好才有機會和牠們相遇。因此看不到動物本尊，就必須由牠們遺留下來的便便、食痕、睡覺的窩巢、打鬥的現場、磨爪磨牙的痕跡來推測牠們的曾經，例如何時在這裡出現？有多少隻個體？在這裡做什麼事？所以說，有時候你還要學會做一個偵探來蒐集所有可能的線索。

書中的動物學者有觀察石虎、用衛星追蹤海龜、到處追鳥看鳥，還有記錄水獺及野蜂的，隨著他們的故事，彷彿也進到這些動物的世界裡，看著牠們吃喝拉撒、生老病死。當然最不忍心的，就是因為人類土地與道路的開發，導致野生動物的家消失，或是被車撞死，讓人非常難過。因此動物學者也代替野生動物向人類請命，希望能夠留給牠們喘息的空間，讓後代子孫有興趣欣賞台灣野生動物的時候，不會只能看著紀錄片裡的影像哀悼，而是能有機會在野地，看到活生生的野生動物。

我也研究野生動物，特別是鳥類，所以我知道沉浸在大自然裡、欣賞野生動物的怡然自得，才是野生動物研究最享受與欣慰的。如果看到牠們找不到食物、身染疾病，或是因為車輛及濫捕濫殺而死亡，就讓人非常不捨與痛心。這本書除了告訴你如何觀察野生動物，以及

觀察過程中有趣的故事之外，更深一層的意義，是希望坐而讀，更要起而行，站起來走出戶外，接觸野生動物。接觸不是要你和野生動物零距離互動，而是和牠們所生存的棲地有情感的連結，有了情感，我們才會挽起袖子為大自然的朋友請命並拚命！享受這本書帶你進入野生動物觀察者的世界，也保護我們的「野」朋友，都能夠擁有各自安身立命的家。

推薦序

創造自己想要的改變，成為動物小尖兵

鄭國威（PanSci 泛科學知識長）

　　塑膠吸管插在海龜鼻孔中、石虎和水獺被疾駛的車輛輾過、吃了農藥的野鳥無力振翅而墜地、蜂群不知不覺大量消失……如果以上這些消息你都聽過，而且聽到之後心情都有點鬱悶，那麼你並不孤單。

　　我雖然不像本書的五位作者一樣是生態保育家，但幼時找蟬蛻、灌蟋蟀、捉泥鰍的記憶仍刻在心底，看著生態環境的劇烈變化、棲地破壞、人為汙染與氣候變遷，想著自己與自然的疏遠，不免泛起無力感。當瞥見新聞，述說動植物如何因人類而落入淒慘境地、瀕危，甚至絕跡，更是深深自責。

　　這個世界沒有像「復仇者聯盟」或「正義聯盟」一樣的超級英雄能現身改變一切，但換個角度想，能夠「自責」其實是一件好事，因為這代表我們只要藉由學習，自己就可以成為救星、創造想要的改變，不用空等誰突然獲得超能力。

　　例如本書作者之一的陳美汀——台灣石虎保育協會的理事長，雖被稱為「石虎媽媽」，但我相信她更希望每一隻瀕危的台灣石虎都能有自己的媽媽，而不需要她或任何人代勞。她以調查手記的方式，跟我們分享她為何著迷於石虎這種根本難以目擊的生物，以及如何在追逐了六年後，終於在苗栗的養雞場拍到第一張石虎照片。透過她生動的紀錄，可以得知追蹤石虎不只是為了貓奴的心滿意足，得要不眠不

休集結眾人的時間、體力、耐力，並善用科技才行。

　　又如另一位作者程一駿——台灣海洋大學榮譽教授，身為海龜專家的他，投入海龜生態調查數十年，閱讀他的分享，你會驚訝於自己對海龜的無知，以及研究者為了監測海龜繁殖狀況花了多少工夫。光是要在對的時間等海龜上岸產卵而不錯過就不容易，研究者除了得風雨無阻、蚊襲不驚，更要在沒有遮蔽物的海灘上隱身潛伏，匍匐前進，只為記錄下母龜何時產下第一顆卵。接著測量龜卵、移動卵窩、記錄龜卵孵化情形、清理龜屍……更得步步為營，因為這些紀錄將決定保育的投入以及海龜的未來。

　　而當我讀到為蜂代言的李曼韻老師的文章，內心更升起一股暖意。她以一趟烏來山區之行為引子，細膩且溫柔的揭開了蜂的面紗。人們賞花賞蝶，就是不賞蜂，還偏偏對蜂有諸多誤解與恐懼，反過頭來傷害蜂，對此無法坐視不管的她，透過文字與攝影，設計百款教案。藉由她的文字，我彷彿也成為了半個蜂專家，想拿著相機到外頭捕捉飛舞的身影。越懂蜂就越愛蜂，因為從此之後看蜂的感覺，再也不同。

　　接著，在袁守立的筆下，你驚覺金門僅存的歐亞水獺竟因為習慣了人造物，而更容易在越來越多的觀光工程下遭殃；讀林大利的新年數鳥記，你訝異每年有破千人參加這麼大規模的公民科學網絡，也為能夠在瞬間聽音辨鳥的高超愛鳥人而佩服不已。五位關照不同生命、見識與學識兼備的作者，為了保護與恢復動物和我們共享的世界而站了出來，他們若不是英雄，誰才是英雄呢？誰又會是下一位英雄呢？正在看本書的你，肯定就是！

Chapter ①

千分之一的
鳥類觀察

林大利

特有生物研究保育中心助理研究員

「您好，不好意思，已經過了掛號的時間。」櫃檯的護理師對我這麼說。

「不要緊，我是要等醫生下診，來找醫生的。」

「好的，請稍等，我跟醫生說一下。」

現在是晚上九點，金門的冬夜還颳著刺骨的強勁冷風。相較於車水馬龍、人聲鼎沸的台中市，街上已經沒有多少人車。我來到一間即將休息的診所，但今天，我不是病人，來向醫生請教的事也與一般病人很不一樣。

「來來來，快進來。」

「謝謝，真是麻煩了。」

「哪裡哪裡，我倒杯水給你，剛才還順利嗎？」

一杯溫熱的開水和醫生熱情的招呼，消去不少從外頭帶來的寒意。進到診間，各種醫療器材看起來收拾得差不多了，我坐在病人的座位，但是，醫生的電腦螢幕上不是複雜的英文病歷和處方箋，而是金門的衛星地圖，上面布滿密密麻麻的路線和緊湊的時間表。

「非常順利，這玩意兒還沒派上用場，那隻短耳鴞就從車頭燈前飛過，停在不遠的田埂上四處張望。」

金門賞鳥去

我拿出一台看起來像是攝影機的機器，但這可不是普通的攝影機，而是紅外線熱像儀。透過這台熱像儀，即便在一片漆黑、萬籟俱寂的森林或草原，無論是在草叢裡睡覺的日本鵪鶉或是歐亞雲雀，任何躲藏其中的小鳥都無所遁形。大約一小時前，我在3公里外的農地裡尋找今晚的目標鳥種——「短耳鴞」。短耳鴞是一種棲息在草原的中大型貓頭鷹，身長約40公分。這種夜行性猛禽是冬候鳥，夏天繁殖季節，短耳鴞在北方的蒙古和西伯利亞繁殖；冬天時，便遷徙到數千公里外的華南和台灣過冬。金門島上許多大片的農地，和短耳鴞偏

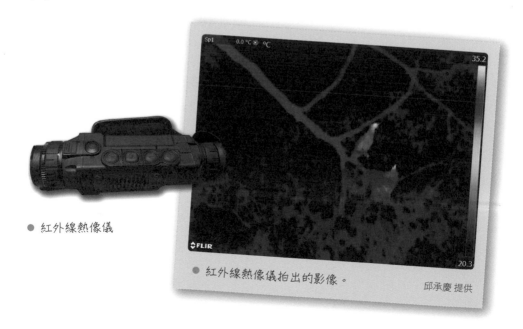

● 紅外線熱像儀

● 紅外線熱像儀拍出的影像。

邱承慶 提供

呂翊維 攝

● 日本鶴鴒

● 短耳鴞

洪貫捷 攝

好的草原環境非常相似，是很適合的棲息地。

「太好了，那隻短耳鴞總是在那附近活動，上次我們也是抵達沒多久，就發現牠的蹤影。我們來看看明天的調查路線。」

「首先，明天一早你先從慈湖海堤南邊出發，六點半過後天應該就夠亮。沿著慈湖南岸走，左手邊是慈湖，右手邊是大大小小的魚塭。到了這個位置，慈湖的鴨子就交給你們數，這群野鴨如果沒有躲在魚塭裡休息，就會到慈湖的水面上活動。數量很多，少說也有數百隻，多的話有一千多隻，絕大部分是赤頸鴨，其他則是花嘴鴨、小水鴨、琵嘴鴨、尖尾鴨和鳳頭潛鴨。另一頭的魚塭區，要注意草叢裡的黃小鷺和攀雀。今年攀雀的紀錄有點少，你們再留意一下。其他則大多是一些常見的小鳥，例如戴勝和中國烏鶇（ㄉㄨㄥ），樹上可能會有度冬的斑點鶇和白腹鶇。左手邊的農業和草生地之間，有條路可以走進去看，應該會有一些鵟……這附近的幾棵艷紫荊上面可能會有太陽鳥飛來吃花蜜……早上十點過後也許會有一些猛禽……最後我們應該可以在中午前後在雙鯉湖碰面。」

醫生如數家珍，告訴我時間表上每個鳥類調查路線的注意事項、可能出現的各種鳥，以及一整天路線的規畫，和時間分配的考量。這真的得要對當地鳥類的狀況瞭若指掌，包括哪些地方有哪些鳥、這些鳥喜歡的食物在哪裡，以及最近發現的特殊種類，才有辦法做出如此精細的調查規畫。對我這個上一次來金門已經是五年前的外地人來

說，能有這樣熱心且認真的在地賞鳥人指點迷津，是難能可貴的機會。

「那麼，這樣安排應該沒有太大的問題，每條路線我都加上了些預留和交通所需的時間，你應該可以在日落之前，甚至更早就能完成調查。」

「沒問題，說明非常詳盡，真是太感謝了！」

「早點回去休息吧，做鳥類調查總是要在日出前就起床呢！」

「不要緊，我觀察小鳥也快二十年了，幾乎每天都過著早起的日子。準時在日出前起床是我們的基本功，沒問題的。」

「好，站在醫生的立場，還是要提醒你早點睡。而且明天是頂著海風在慈湖數小鳥，好好注意保暖。」

「遵命！」

● 金門慈湖　呂翊維 攝

聽聲音找蹤跡

　　回到住處之後，再仔細清點和整理一下器材，就差不多該準備休息了。雙筒望遠鏡是鳥類調查的必備品，50公尺以內的小鳥，幾乎都可以透過10倍左右的雙筒望遠鏡來辨識和記錄數量。

　　不過，明天在慈湖數小鳥，對岸少說也有200～300公尺遠，因此單筒望遠鏡和腳架也是少不了的裝備，最遠可以放大到60倍，但是在海風強勁的狀況下，要保持穩定不讓畫面晃動也不是一件容易的事。雙筒望遠鏡和單筒望遠鏡的物鏡和目鏡都要先擦拭乾淨，腳架也沒有任何鬆動的地方，才算是準備好鳥類調查的兩大主要工具。

　　我們這些鳥類觀察者，常常打趣的說，賞鳥是一種需要「聰明」的活動，因為你必須隨時讓自己保持「耳聰、目明」。也就是說，耳

朵和眼睛才是我們最重要的裝備。無論是在森林、草原、溼地、農地或都市裡，耳朵是尋找鳥類最有效率的工具。在大約50公尺的距離內，有時甚至100公尺內，只要有小鳥發出聲音，幾乎逃不過鳥類調查員的耳朵。我們先透過聲音注意小鳥的活動，再大致鎖定牠們的位置，接著拿起雙筒望遠鏡對準目標、對焦，就能讓小鳥映入眼簾。

不過，小鳥可是活動力非常強的野生動物，察覺小鳥、找到小鳥、用望遠鏡對準目標、對焦、鑑定種類，這五個動作必須在十秒之內完成。不然，小鳥很快就會飛走了。一旦飛走，就很難再有機會觀察。有些小鳥更嚴格，只給你五秒鐘，甚至三秒鐘。所以，這一連串的動作，必須要相當熟練才行，不過對賞鳥十餘年的老手來說，這些就像呼吸一樣自然。

事實上，看鳥看久了，有時候我們也不是非得「看到」不可，光是透過聲音，就可以記錄環境中大部分的小鳥。也就是說，**賞鳥人必須學會透過鳥類的聲音來辨識小鳥，這是最有效率的調查方法**。一般來說，在森林鳥類的調查紀錄裡，大約80%甚至90%的紀錄，是透過耳朵和聲音所記錄的，少部分不確定的聲音才需要透過目擊來辨識。所以，我們做鳥類調查時，常常低著頭不斷的在手機中輸入記錄，看起來和寶可夢玩家沒什麼差別。不過，也常有同行的賞鳥新手抱怨：「唉，跟你們賞鳥好無聊，一隻鳥都沒看到，你們就已經記錄了一大堆。」哎呀，真是非常抱歉。

由此可見，小鳥的鳴唱聲和鳴叫聲是不可忽略的一環，但我們也不是全知全能，**所以需要隨身帶著錄音筆，遇到不確定的聲音就趕緊錄下來，事後和其他夥伴討論，或是到鳥音資料庫比對**。目前，麥考利資料庫（Macaulay Library，https://www.macaulaylibrary.org）和 xeno-canto（https://www.xeno-canto.org）是兩個相當完備的線上世界鳥音資料庫，可以查詢到許多鳥類的聲音，也可以上傳自己錄到的鳥音。

早起的人兒有鳥數

二〇二〇年一月一日，早上六點起床，是冬天調查小鳥的福利，因為這時候天還沒亮，大多數小鳥也不像繁殖季那樣，清晨就那麼活躍。如果在春天或夏天，這兩個繁殖季節做調查，大概清晨四點，甚至三點就得起床，花上一至兩個小時開車、摸黑走路，最晚必須在日出前十五分鐘就定位，把耳朵打開，準備記錄聽到的小鳥歌聲。之所以會有這個差別，一來是夏天日出較早，二來是因為小鳥在繁殖季時，很早就開始活動。繁殖對小鳥來說，是非常重要的終生大事，每天清晨就要引吭高歌來宣示地盤，好讓自己的小孩能從地盤中獲得最豐富的食物資源，以及最安全的保護。這個時候，小鳥之間的地盤會明顯區分且固定，能大幅降低重複記錄的問題，很適合調查鳥類的數量。

我們從容的在市場裡好好吃個早餐，這裡的肉羹麵和飯糰果然如同醫生推薦的美味。六點半再到集合點：慈湖慈堤南端的介壽亭。

　　脖子上掛著雙筒望遠鏡，肩上扛著單筒望遠鏡，手上拿著記錄用的手機，口袋裡放著錄音筆。當然，全身上下都得穿上厚實的衣服，才能頂著慈湖的強勁海風數小鳥。

　　我們沿著前往慈湖解說站的步道走，沿路記錄不時出現的褐色柳鶯、白頭翁、灰頭鷦（ㄐㄧㄠ）鶯、綠繡眼和黃尾鴝（ㄑㄩ），不久後來到慈湖南岸的魚塭。這個位置是觀察慈湖北側水鳥最理想的地點，水面上已經有幾隻冠（ㄍㄨㄢ）鸊（ㄆㄧ）鷉（ㄊㄧ）。穩住單筒望遠鏡，從慈湖北岸的西側掃視到東側，並記錄所有鳥類的種類與數量。

　　「我看看⋯⋯對岸的鴨子有赤頸鴨、花嘴鴨、琵嘴鴨、小水鴨和尖尾鴨，看起來數量不多，不到兩百隻，可能都還躲在對岸的魚塭裡。」我穩著單筒望遠鏡掃過慈湖北岸，冰冷的海風幾乎讓手指無法好好推動調節輪來對焦。

　　「沒關係，醫生在對岸，也許晚一點有猛禽出現，或是有人到魚塭工作時，魚塭裡的鴨子會逃到慈湖的水面上。」同行的鳥會夥伴艾倫說道。

　　「了解，那麼我們一種一種來，我報數量給你，首先是赤頸鴨⋯⋯」

　　當水鳥的種類和數量都很多的時候，必須要一種接著一種，一

● 赤頸鴨　呂翊維 攝

隻一隻的數，同時要有夥伴幫忙記錄。雖然得花上不少時間，但是可以記錄的比較詳細且確實。 不過，如果這時候來了一隻遊隼（ㄓㄨㄣˇ），整群水鳥驚飛，就得全部重來。

　　這些野鴨大多在水較深的湖面上覓食，鴨群裡也有一些會整隻潛入水中覓食的鳳頭潛鴨、小鸊鷉和冠鸊鷉。慈湖東側有一處較大的淺灘，會有一些在泥灘地和淺水處活動的鷸（ㄩˋ）、鴴（ㄏㄥˊ）和鷺鷥。

　　「有十二隻黑面琵鷺！不過全部都把頭擺在身體裡，不確定裡面有沒有白琵鷺。」

　　「沒關係，可以等等再看看。」

　　白琵鷺是和黑面琵鷺非常相似的鳥類，在台灣的數量較少，個

頭比黑面琵鷺高大一些，但是不明顯，主要的差別在於臉上有白色的羽毛，因此不像黑面琵鷺露出整張「黑臉」。不過，當牠們全把頭埋在背上的羽毛裡時，我們完全無法分辨這兩種鳥。

「醫生，我們這裡的鴨子數量不多，可能都還躲著。」

「好，那就晚一點再等等看。」

呂翊維 攝

● 白琵鷺

數鳥嘉年華

選在二〇二〇年的元旦在慈湖數小鳥不是偶然，事實上，這是一場全國性的鳥類觀察活動——「台灣新年數鳥嘉年華」的其中一項工作。活動期間共有二十三天，這段時間裡，整個台澎金馬以及東沙島，大約一千兩百多位賞鳥人，在一百七十個地方觀察且詳細的記錄小鳥。

「台灣新年數鳥嘉年華」（https://nybc.tw）是在二〇一三年冬天，由中華民國野鳥學會、台北市野鳥學會、高雄市野鳥學會和特有生物研究保育中心共同發起的數鳥活動。**這個活動最重要的目的，在於每年記錄台灣冬天時出現的小鳥種類和數量，透過數量的變化了解牠們的生存狀況。**目前，台灣已經記錄了六百七十四種小鳥，其中有一百六十二種是來台灣過冬的冬候鳥。在此之前，我們還沒有全國

台灣新年數鳥嘉年華小歷史

每年十二月下旬～隔年一月中旬的大型數鳥活動，記錄冬天時出現的鳥類種類與數量，透過數量變化了解其生存狀況。

由中華民國野鳥學會、台北市野鳥學會、高雄市野鳥學會和特有生物研究保育中心在二〇一三年共同發起，號召各地人們一同來數鳥，已經舉辦了七年，參與人數超過一千三百人。

性的冬候鳥調查活動。此外，要在短時間內蒐集這樣的資訊和數字可不容易，因此，必須號召全國各地的鳥類觀察者，每年在固定的時段到同一個地點數小鳥，才能夠獲得這樣的資訊。

在這樣的想法之下，推出了「台灣新年數鳥嘉年華」，以每年的一月一日為中間點，從十二月下旬到隔年一月中旬的二十三天內，會有一組人馬在半徑 3 公里稱為「樣區圓」的圓形範圍裡，記錄所有觀察到的小鳥。其中會有一位樣區負責人「鳥老大」，負責統籌和規畫樣區圓的調查路線和時間分配，就像我們的醫生朋友那樣；同時，還會有幾位具有豐富賞鳥經驗的調查員，稱為「鳥夥伴」，負責各路線的鳥類調查工作；最後是不限人數、不限年齡、不限賞鳥經驗，任何人都可以擔任的「鳥鄉民」，跟著鳥老大和鳥夥伴一起觀察和記錄小鳥。

除了蒐集研究數據，這個活動也成為全國各地鳥類觀察同好，每年定期相約相聚賞鳥的動機，經過七年，大家也習慣在這個年度盛會上相見。不僅對小鳥的研究和保育有幫助，也成為許多大小朋友參加的賞鳥休閒活動。

起初，我們抱著試辦的打算，先執行二十到三十個樣區圓，不過，我們低估了台灣鳥友熱情的程度。第一年的冬天就有六百人參加，完成了一百二十二個樣區圓的鳥類調查。完全出乎我們的意料之外！

在眾多鳥友的熱情支持之下，「台灣新年數鳥嘉年華」便就此順

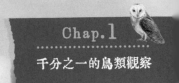

水推舟、年復一年的展開。一月出門數鳥、三月統計數字、五月分析資料、七月撰寫年度報告、九月校對年度報告、十一月出版報告和聯繫各地的鳥老大，準備展開下一年度的數鳥活動。在這樣的循環之下，我的日子就像不斷轉動的輪盤，周而復始的往下一階段的工作前進。回過頭來，今年已經是第七年了。

如今，參加人數也超過一千三百人，我這份紀錄，只是千分之一。

✒ 飛向天空的鳥群

我們沿著慈湖南岸往前進，一個魚塭接著一個魚塭，記錄每一池魚塭裡頭的小鳥，也需要不時注意慈湖水面的動靜。魚塭邊緣長滿低矮的芒草，這樣的草叢是一些習慣隱蔽自己的水鳥喜歡躲藏的地方。牠們常常安靜不出聲的在裡頭一動也不動，如果不睜大眼睛，幾乎沒辦法發現。同時，我們也必須注意草叢的動靜，去年少有紀錄的攀雀，可能隨時會出現。

「叮咚！叮咚！叮咚！」口袋裡的手機傳來急促的訊息通知鈴聲。

來了！

遊隼俯衝

趕快數！

我們急忙回頭，一隻遊隼往水面的鳥群俯衝，數以百計的雁鴨、鷿鷈、鸕鶿、鷺鷥紛紛驚飛，幾乎占滿整個慈湖的天空。

　　「快點！先數鴨子，不要錯過這個機會！」艾倫大喊。

　　「我來數赤頸鴨和花嘴鴨，尖尾鴨和琵嘴鴨交給你。」

　　「沒問題。」

　　成群活動的水鳥受到驚擾的時候，常常所有的鳥一起飛向天空。其實，不是每一隻鳥都知道發生了什麼事，同伴都逃了，先趕快跟著逃再說。而且緊跟著其他鳥群一起移動，才不會落單，反而變成猛禽攻擊的目標。在這樣的狀況下，幾乎所有的小鳥傾巢而出，反而是算清楚小鳥數量的絕佳時機。但是眾鳥高飛又快速移動，必須要快速的順著牠們移動的方向，且快速的辨識種類和計算數量。即使有多年的鳥類觀察經驗，我們也只能先鎖定之前無法好好計算的種類，就是那

慈湖眾鳥紛飛。　呂翊維攝

些之前躲在魚塭裡的野鴨。

　　「兩百一十、兩百二十、兩百三十、兩百四十、兩百五十……。」

　　「六百四十、六百五十、六百六十、六百七十……這一群赤頸鴨少說也有六百隻。」

　　「幸好還來得及。」

　　這隻遊隼似乎無功而返，悻悻然的消失在遠處的天空，而眾多水鳥陸陸續續回到水面上。超過一千隻的野鴨聚集在慈湖北岸，沿著湖面綿延，形成一條長長的「鴨龍」。

　　「這樣就可以慢慢算了，希望跟剛才算的不要差太多。」

　　「但願如此，至少不會白忙一場。」

　　「快點，我們還走不到一半，得在中午之前到雙鯉湖。」

　　慈湖可說是金門最重要的度冬水鳥熱區，每年不僅有大量的水鳥

過冬，最壯觀的是數以千計的鸕鶿會在慈湖夜棲。由於這群鸕鶿白天會飛到外海覓食，直到傍晚才會一群一群陸續回來。白天的時候，我們再怎麼努力計算，也都會大幅低估鸕鶿的數量。幸好，和我們合作的金門國家公園，每年都會記錄在慈湖夜棲的鸕鶿數量。國家公園的夥伴會在傍晚時分，站在特定的位置，記錄每一群回到慈湖的鸕鶿，最後算出總數。因此，我們也早已和國家公園的夥伴約定，今天傍晚的鸕鶿就交給他們負責。

「哇！超過六十種了！」

「不愧是金門，2、3公里的路就有這麼多種小鳥。」

「等一下到雙鯉湖後，了解一下各組的狀況，然後大家休息一下，下午三點退潮的時候再回到慈堤上記錄海灘上的鷸鴴。」

「好，先休息一會兒吧。」

民眾也能參與的公民科學調查法

像這樣由科學家和業餘愛好者共同合作完成的科學研究，稱為「公民科學」。通常是由科學家規畫研究目標和調查方法，業餘愛好者蒐集資料。最近十來年，公民科學在全球各地科學圈內快速崛起，許多科學領域都廣邀對科學有興趣的素人來參加，包括天文學、大氣科學和生態學。舉例來說，所有人都可以在「星系動物園」（Galaxy

Zoo）和「氣旋中心」（Cyclone Center）網站上幫助科學家分類各種星系和氣旋（颱風）照片，大幅增加研究工作效率。全球歷史最悠久的公民科學則是奧杜邦學會的「聖誕節鳥類調查」（Christmas Bird Count），參與者在北美洲各地觀察和記錄鳥類的種類和數量，從一九○○年至今已經連續執行了一百二十年。

從這裡可以看出來，公民科學的特色在於眾多業餘愛好者的加

公民科學

由專業科學家規畫，讓一般大眾參與科學調查研究，協助蒐集或分類等工作，可以大幅提高研究效率。全球各科學領域都歡迎對科學有興趣的民眾一同參與。

天文學：星系動物園（Galaxy Zoo）
https://www.zooniverse.org/projects/zookeeper/galaxy-zoo

大氣科學：氣旋中心（Cyclone Center）
https://www.cyclonecenter.org

生態保育：
台灣新年數鳥嘉年華
https://nybc.tw
台灣繁殖鳥類大調查
https://sites.google.com/a/birds-tesri.twbbs.org/bbs-taiwan

台灣動物路死觀察網（路殺社）
https://roadkill.tw

聖誕節鳥類調查（Christmas Bird Count）
https://www.audubon.org/conservation/science/christmas-bird-count

入，大幅提高研究工作效率，或是能在短時間內快速蒐集同步性高、涵蓋範圍遼闊的資料。尤其在最近十年，智慧型手機和無線網路的普及，讓每個人的通訊傳播能力大幅提高，隨時可接收和傳遞資訊。此外，智慧型手機內建的 GPS（全球衛星定位系統），更是突破以往器材和資源不足的限制。以前一個研究室很難有十台以上的 GPS 追蹤器，但現在可說是人人都有的時代，可以將正確的時間和位置資訊連同觀察紀錄同時快速的回報。

近年來，台灣也推出相當多公民科學計畫，其中自然生態類型，主要目的在於了解全國野生動物的數量變化，包括「台灣新年數鳥嘉年華」和「台灣繁殖鳥類大調查」。同時，也有針對特定保育議題的計畫，像是「台灣動物路死觀察網（路殺社）」的目標在於關注台灣野生動物在道路上被交通工具撞擊致死的狀況，並且透過適當的保育措施和設備來減少交通對野生動物造成的死亡威脅。

公民科學的效益不僅僅是科學研究而已，還有學習新知和休閒娛樂的功能。以我們的經驗來說，業餘愛好者在參與賞鳥活動的時候，也可以從鳥老大和鳥夥伴身上學習到有關鳥類生態、研究和保育的相關知識，而且鳥類調查的功力也會進步。我們遇過一位志工，他提供的資料中，小鳥的種類和數量越來越多。但其實那裡的環境並沒有明顯的改變，而是這位志工的鳥類調查功力每年都在進步的關係。休閒娛樂也是公民科學的重要功能。以「台灣新年數鳥嘉年華」來說，有

個私人企業的賞鳥社團每年認養「新店桂山」和「武陵農場」兩個樣區圓。於是，數鳥活動就成為社員每年相約相聚的盛事，一同出遊、敘舊、賞鳥，同時對鳥類保育也能有所貢獻。

消失的遷徒中繼站

接近傍晚時分，完成退潮後在海灘上的鳥類調查，可惜小鳥並不多。金門慈湖朝向西邊，正好可以看到黃昏的日落。這個時候，一批一批的鸕鷀也陸陸續續回到金門，每一組隊伍大約有二十到三十隻鸕鷀，超過一百多批的隊伍飛過慈湖上空，彷彿是金門冬日的黑色兵團。

慈湖是候鳥在金門過冬的重要熱點，包括雁鴨和鸕鷀，這些度冬的水鳥大多來自西伯利亞地區，冬季時沿著韓國、日本、沖繩、中國沿海一路往南方前進。有些到了台灣或金門停了下來，在這裡度過整個冬天，有些則會繼續挺進，飛到東南亞、澳洲和紐西蘭度冬。這一條候鳥遷徙的路線，稱為「東亞—澳大拉西亞遷徙線」（East Asian - Australasian Flyway），每年大約有兩百萬隻水鳥沿著這條線遷徙。

其中，中國的黃海、渤海及崇明東灘的廣大泥灘地，是這些水鳥最重要的遷徙中繼站。中繼站不只是遷徙水鳥休息和補充食物的棲息

地，更是許多鳥類的重要繁殖地。然而，這一片重要的泥灘地，卻每年大約流失 1.2% 的泥灘。除此之外，中國沿海的人工海堤和構造物的快速擴張，已達 11,560 公里，大約占中國海岸線的 60%，比 7,300 公里的萬里長城還要長，因此稱為「新長城」，意味著中國海岸面臨嚴重的開發壓力。沿海溼地大幅流失，對於遷徙水鳥是相當巨大的衝擊，在全球的鳥類遷徙線當中，東亞─澳大拉西亞遷徙線中所涵蓋的受脅水鳥的比例最高，新長城威脅了全球超過 25% 的水鳥。新長城的擴張，導致沿海天然泥灘地大幅減少，也是導致東亞─澳大拉西亞遷徙線候鳥族群量大幅下降的主要原因。

　　為什麼科學家能知道這些小鳥的數量增加還是減少？增加與減少

鸕鶿群飛。

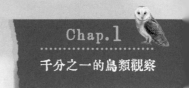
的原因分別是什麼？這一些研究資訊的基礎，就是來自於東亞各個國家，像「台灣新年數鳥嘉年華」每一個參與者所提供的一筆又一筆的資料。每一筆觀察紀錄，就像是完成宏偉建築的一磚一瓦，或像是龐大火箭的每一個小螺絲釘。在眾志成城、聚沙成塔的信念之下，成萬上億筆的觀察紀錄，及時告訴了我們這些小鳥的生存危機，科學家和保育學家才可以想辦法解決問題。

大自然的各種現象，都是倏忽即逝的資訊，如果當下沒有確切的記錄下來，就是永遠消失。除非有時光機，不然，要再追溯過往的生物多樣性資訊，幾乎是不可能的任務。公民科學的推展，讓每一位觀察者的眼睛，都能夠把握每個當下，確切記錄下大自然的動態，是監測生活環境品質的重要工作。為了讓地球的自然生態能夠永續長存，需要世界各地每一個人的參與和支持，共同掌握我們賴以生存的環境，以及芸芸眾生的動態。

東亞—澳大拉西亞遷徙線

全世界九大候鳥遷徙路線之一，從西伯利亞地區，沿著韓國、日本、中國、台灣、金門，到東南亞、澳洲和紐西蘭，是鳥類種類、數量最多的遷徙路線。沿途溼地是遷徙水鳥休息棲息地、繁殖地。由於人為開發、汙染等，溼地漸漸消失，水鳥生存受到威脅，數量減少，溼地的保留及恢復，成為候鳥保育的關鍵之一。

Go 觀察鳥類，我要這樣做

1. 平常就要熟知各種鳥類，包含習性、外形特徵、出沒地點與鳴叫、鳴唱的聲音。

   ....

2. 提前了解鳥出沒的地區，規畫調查路線。

   ....

3. 鳥類活動時間早，在日出前起床是基本功，觀察日當天要準時早起，整裝出發。

   ....

4. 觀察時，要用心聽、專心看，可以透過聽鳥叫聲鎖定鳥的大致方向，再用眼睛及望遠鏡等工具尋找鳥的蹤跡。

   ....

5. 觀察記錄動作要迅速，十秒內就要完成察覺鳥、發現鳥、望遠鏡觀察鳥、辨識鳥種。

   ....

鳥類調查配備

1. 雙筒望遠鏡：觀察距離在 50 公尺內，只要 10 倍雙筒望遠鏡就足夠。

   ....

2. 單筒望遠鏡：要觀察 200～300 公尺遠的鳥類，就要出動可以放大到 60 倍的單筒望遠鏡及腳架。

3. 智慧型手機：紀錄工具，可以記錄鳥類數量等相關資訊。

4. 錄音設備：遇到不確定的鳥叫聲，錄下以供日後比對資料庫確認鳥種。

5. 保暖衣物：早起至野外觀察候鳥，通常會頂著海風，因此要注意身體保暖，尤其是冬天。

● 雙筒望遠鏡　　　　● 單筒望遠鏡　　　　● 智慧型手機

● 錄音設備　　　　● 保暖衣物

🔭 我是動物學家　林大利

　　特有生物研究保育中心助理研究員、澳洲昆士蘭大學生物科學系博士班研究生。由於家裡經營漫畫店，我從小學就在漫畫堆中長大。高中之前，不知道窗外有一種小鳥叫做「珠頸斑鳩」；大學之前，不曾好好閱讀萬字以上的科普書。我從高一開始看小鳥，假日就是去找這些稀奇古怪的野生動物。一轉眼，不知不覺就快要二十年了。從把鳥納入望遠鏡的視野中、正確的辨識鳥種、學習鳥類生物學理論。至今，成為以鳥類為研究對象的研究者、以鳥類為國家生物多樣性指標的政府幕僚、以賞鳥為休閒活動的自然愛好者。鳥類，早已成為我生活的許多部分。出門總是帶著書、會對著地圖發呆、算清楚自己看過幾種小鳥。是個龜毛的讀者，認為龜毛是探索世界的美德。

延伸書單

- 自然大視界：不可思議的生態奧祕圖鑑。阿曼達・伍德、麥克・喬利 著。歐文・戴維 繪。林大利 譯。小天下，2018。
- 非實用野鳥圖鑑：600 種鳥類變身搞笑全紀錄。富士鷹茄子 著。張東君 譯。遠流，2020。
- 有怪癖的動物超棒的！圖鑑。沼笠航 著。張東君 譯。遠流，2019。
- 動物數隻數隻：另類爆笑的動物行為觀察筆記。張東君（青蛙巫婆）著。唐唐 繪。遠流，2014。
- 屎來糞多學院。張東君 著。黃麗珍 繪。幼獅文化，2015。
- 寫給青少年的物種起源：突變、天擇、適者生存，演化論之父達爾文革命性鉅作，改變人類看世界的方式。查爾斯・達爾文 著。麗貝卡・斯特福夫 編寫。泰根・懷特 繪。魏嘉儀 譯。小麥田，2020。
- 生命從臭襪子的細菌開始：給小小科學家的生物演化入門。楊・保羅・舒滕 著。福樓・李德 繪。林敏雅 譯。小麥田，2017。
- 噢！原來如此 有趣的鳥類學。陳湘靜、林大利 著。麥浩斯，2020。

Chapter ②

我不尋找,我發現
野蜂觀察

李曼韻

國中生物教師

我的足跡遍及台灣山野，沿途盡是研究題材和生態創傷，在戶外逐年積累觀察經驗，涵養成一份憂心與沉重。而後化為教材啟蒙學生，嘗試將憂傷的種苗散播成希望。

因著「九年一貫」實施，民國九十二年起，每個授課班級中，我多了一堂「彈性課程」。所謂彈性，是學校與教師可以因諸多因素而選擇課程內容。沒有課本、沒有進度、與升學無關的空白課程，有點類似高中的選修或大學的通識課。當年，許多教師樂得拿去填補不夠用的教學或考試時數，而我，莫名的認真了起來，把滿山遍野的素材都化成了教案，編寫近百節的課程設計。

▶ 幫「蜂」代言

二十一世紀初，正是多元化時代的起點，也是我的關鍵十年。我開始有機會教學生認識花草樹木、蛙鳴鳥語，開始有機會帶著學生學習與不討好、被誤解的野生動物和平相處，例如蛇、毛毛蟲、蜘蛛，而後發現難度最高的就是「蜂」。人們對牠充滿了不解、偏見與恐懼，既愛又恨，想要吃牠釀的蜜，希望牠為糧食作物授粉，又覺得蜂會螫人。不諳分類，隨意稱呼，小隻的叫蜜蜂，大隻的叫虎頭蜂；以為只要是蜂就有蜂蜜，就一定會螫人。課本沒答案、老師不會教、會考不會出、家長也不重視，偏見與誤解築起的隔閡越來越厚實，難以

突破。

　　為了幫蜂代言,我走上了這條路,平日在木柵,假日到烏來山區探查。烏來是我從事自然觀察的小天地,只要遠離老街,暫時忽略獵人的槍枝與狗,這裡山水優美,物種還算豐富。但是二〇一五年八月蘇迪勒颱風讓多條步道一夕崩毀,像是巴福越嶺道、哈盆古道、紅河谷等,至今仍是柔腸寸斷。內洞林道和桶后林道也花了兩、三年才整修告一段落,我於此期間探訪這兩處林道不下五十次。

　　春天,是賞蜂最佳時節,從蜜蜂、葉蜂、蛛蜂、繭蜂、姬蜂、長腳蜂、泥壺蜂到虎頭蜂,都是各懷絕技的生存高手。寫了這麼多類別,無非是要告訴大家,蜂家族不是只有蜜蜂和虎頭蜂。

　　昆蟲綱在「目」的分類上常常以翅膀的特徵為依據,例如前翅特化成硬鞘的,歸為「鞘翅目」,翅上具有鱗片的為「鱗翅目」。蜂

翅膀是分類依據

昆蟲綱中具有翅膀的成員,通常都有兩對翅膀,翅膀是分類的依據。

鞘翅目:前翅特化成具有保護功用的硬鞘,例如鍬形蟲、金龜子。

鱗翅目:翅膀上有鱗片,例如蝴蝶、蛾。

膜翅目:翅膀透明,像一層膜,例如蜂、蟻。

直翅目:前翅特化成革質,例如蝗蟲、蚱蜢。

屬於「膜翅目」，為昆蟲綱中的第三大家族，僅次於鞘翅目和鱗翅目。牠們是完全變態的昆蟲，但只有成蟲較容易觀察，不像蝴蝶透過飼養就可以看到完整的生活史。最特別的是，有些成員是典型的群居社會性昆蟲，像是蜜蜂、虎頭蜂、長腳蜂。所謂社會性昆蟲指的是，一個大家長生了眾多

完全變態

昆蟲幼蟲成長過程，有「完全變態」與「不完全變態」。完全變態的昆蟲，例如蝶、蜂等，生長過程中幼蟲會蛹化，變為成蟲。不完全變態的昆蟲，例如蟋蟀，就沒有蛹化過程。

子女，兩代共同生活在一個大家庭裡，因為成員眾多、階級分明，宛如一個社會，故形容為「社會性」昆蟲。牠們組織嚴謹、分工明確，家庭成員們各司其職，井然有序的維護群體生活，以繁衍後代。

來去烏來找蜂

春天，萬物甦醒，花香鳥語，我選擇在春末初夏時節到烏來山區賞蜂。這天，還有一絲絲涼意，例行打理上山物品，就像輕旅行一樣，食物、水、雨具、圓形生態觀察盒、放大鏡、夾鏈袋，還有相機、手機以及簡單藥物等。我的**觀察工具以高倍率相機兼作望遠鏡為主，不帶捕蟲網也很少做標本。並非標本不重要，而是建議盡量以觀察、記錄、拍照來取代標本，以不碰觸、不傷害、不捉回家當寵物飼**

● 簡單的圓形觀察盒。

● 撿回來的各種蜂屍體,可以當作觀察教材。

養為原則。若有新鮮屍體可以撿拾，就裝入夾鏈袋後置於盒內，那就是最好的觀察教材。

烏來郊山的春天有盛開的野桐、大葉溲（ㄙㄡ）疏、呂宋莢蒾（ㄇ一）、台灣泡桐、長尾栲（ㄎㄠ）、菊花木、山櫻等開花植物，美不勝收。訪花的生物很多，有時一棵樹上就有十來種昆蟲和鳥，但是對於蜜蜂的觀察以低矮、多花的草本植物較易仔細近看。我已經錯過了短暫的春天，刀傷草、蛇根草、董菜大約都過了花期。這裡部分路段雖在施工中，邊坡野草卻除得很勤，對於自然觀察的人而言，看到如此乾淨清爽的山徑並不是件開心的事。

這天溫度宜人、野花盛開，沿路多是大花咸豐草、月桃、秋海棠，就觀察蜜蜂而言，條件還不錯。熊蜂體型大，喜歡月桃和秋海

● 一株植物上有多隻訪花昆蟲。

棠;蜜蜂體型小了許多,很容易在大花咸豐草中遇到。

蜜蜂家族

目光盯上幾隻工蜂,牠們的後腳上已有了滿滿的「收穫」。我卻怎麼也拍不清楚牠飛舞時的「膜翅」和牠後足的「花粉團」。當然了,要觀察到牠如何吸蜜及採集花粉都是需要耐心的。

我之所以以攝影代替採集,大都是因為不忍,這是最基本的尊重生命。也許這使我無法教育出早慧的小小科學家,但願可以身教培養眾多孩子的生態素養。

飛舞中的膜翅在相片中流動感十足,因為蜜蜂翅膀每秒搧動次數多達三百次以上,這兩對小小的膜翅只有數條翅脈,不像鳥類還有羽毛與骨骼,飛行功能令人讚嘆。我蹲在林道上等牠吸蜜停棲時,哪怕只有一秒、半秒,終還是抓住了脈絡尚清晰的膜翅。然而,即使停棲,牠依然勤奮的工作,口器與腳部的動作都非常迅速。一邊以口器吸取花蜜,同時動用三對步足整理花粉。

因為要養育幼蜂、供養蜂王、儲存食物,所以外勤工蜂們總是忙個不停,一直採集花粉和花蜜帶回巢裡,越是仔細觀察就越不願意吃蜂蜜,總感覺那是工蜂們以短暫生命辛勤工作積存的成果。蜂蜜再甜,入口後,內心總有一絲絲苦意無法淡去。

● 蜜蜂的花粉團與口器。其「嚼吸式口器」既可以咀嚼花粉，也可以吸取花蜜。

● 蜜蜂的膜翅。

　　蜜蜂家族具有生殖及勞務上的分工，蜜蜂王朝由一隻蜂王、一些雄蜂以及眾多工蜂所組成。蜂王不同於我們一般對於「王是雄性」的認知，牠是王朝中唯一能正常產卵的雌蜂，因為是雌蜂，所以又稱「蜂后」或「女王蜂」，由受精卵發育而來。蜂王羽化數天後會出來試飛，再幾天，性成熟會釋放費洛蒙吸引雄蜂，牠們可以於飛翔空中的同時完成交配，這種行為稱為「婚飛」。這樣的空中特技並非女王蜂獨有，螞蟻、蚜蟲、蜻蜓、蝴蝶等昆蟲都有這樣的交配行為。

　　蜂王一生都吃蜂王乳，是蜂巢之母，產卵是牠的天職。只要與一隻雄蜂交配，便可終生產卵，一生約可產下一百萬顆卵。所產下的卵分為受精卵和無受精的卵兩類型，受精卵發育為工蜂，由於有受精，所以染色體是

蜂王乳

蜂王乳由工蜂所分泌，營養價值高。從幼蟲開始，到發育完成都吃蜂王乳的幼蟲，就會成為蜂王，蜂王的食物也是蜂王乳。

蜜蜂王朝

蜂王：一巢之主，負責生下後代，一生約可產下一百萬顆卵，平均壽命為三至五年。

雄蜂：蜂王產下的無受精卵，會發育為雄性蜂，負責與其他蜂巢的蜂王交配，交配完即死亡。

工蜂：蜂王產下的受精卵，發育為雌蜂，巢裡裡外外的各種工作，都由這些雌蜂負責，不會繁衍後代，平均壽命為一至兩個月。

雙套，較為特別的是，這些工蜂全為**雌性**，相當於蜂王的女兒。而蜂王產下無受精，染色體單套的卵，只會發育為雄蜂，相當於蜂王的兒子。

若以人類的家庭來形容蜜蜂家族，關係就很簡單，形同是一個寡母：蜂王，與數百個兒子：雄蜂，和成千上萬的女兒：工蜂。

至於家族成員的分工，就先要屏除人類「女男平等」的概念。工蜂最辛苦、最忙碌，牠們需擔負養育幼蜂、修築巢房、採集花粉、釀製蜂蜜、抵禦外侮等巢內外所有的工作。無奈的是工蜂在三者之中是最短命的成員，壽命平均約一至兩個月。雄蜂主要負責與其他蜂巢的蜂王交配，交配後即死亡，沒有工作能力。蜂王的工作就是產卵，壽命可長達三至五年。

蜂與花美好的共生關係

我觀察的步道上有許多的澤蘭、大花咸豐草、紫花藿香薊（ㄐ一）、火炭母草……等蜜源植物。訪花的除了蜜蜂之外，還有青條花蜂、螯無墊蜂、熊蜂、泥壺蜂、杜鵑三節葉蜂等，甚至也有虎頭蜂，當然還有其他諸多昆蟲，大家最為熟知的是蝴蝶，此外，蛾、天牛、螞蟻、食蚜蠅、金花蟲、金龜子、植食性椿象等都嗜訪花。

訪花說明了花與蟲，尤其是與蜂之間的互惠關係，而人類是生態

● 各種訪花昆蟲（黃胸泥壺蜂、青條花蜂）。

角色外的第三者。我喜歡觀察生物之間美好的共生關係,蜂與花就是最經典的例子。小蜜蜂全身毛茸茸,飛舞花叢的時候,雄蕊的花粉就會沾到細毛上。小蜜蜂常先以前腳刷下沾在頭部、胸部的花粉,而後傳到中腳,再傳到後腳。**看牠以前腳刷頭部花粉的可愛模樣,十足的療癒,這就是觀察樂趣的享受啊!**牠的後腳也暗藏玄機,演化的結果使牠擁有數種收集花粉的毛刷構造,及壓成厚實花粉塊的工具。蜜蜂操作工具純熟迅速,將花粉揉壓成團後,塞在後腳外側,這部位就是我們俗稱的「花粉籃」,並不是真的有一個裝花粉的籃子,但未曾見牠掉落過花粉塊。春日的花海裡,每隻小蜜蜂的的花籃裡幾乎都有著滿滿的花粉準備帶回家。

所謂「美好的共生關係」指的就是在飛到東、飛到西之間，蜜蜂採收蜜源植物的花粉與花蜜，但不是白吃白喝，因為身上的花粉有機會掉落在另一朵花雌蕊的柱頭，此時就當了異花授粉植物的媒人婆。他們之間的互利共生，我這樣形容好了：「蜂是媒人，拉近了新婚植物的距離，而新婚植物以花粉花蜜回饋媒人。」

　　當然了，植物花朵的構造與傳粉者的習性，在時間的長河裡，演化出許多密切的關係，例如許多花朵的花瓣上緣平展，狀似蟲媒花的「停機坪」，最不可思議的當屬桑科榕屬植物，與榕果小蜂專一性的共生依存。我常覺得，蜜蜂是蟲媒花植物最好的朋友了，認真、勤勞、可靠，完全不會傷害植物。如果是蝴蝶、蛾或金花蟲、金龜子，常常順便在植物上產卵，卵孵化成幼蟲後直接以這植物作為食物，我們在菜園、花園中，看到葉片或花朵上的坑坑洞洞從來就不是蜜蜂的**作為。蜜蜂帶走的是植物本就想奉獻給蜜蜂的，蜜蜂歡喜的帶著這份**

共生

共生是兩種生物間的交互關係，蜜蜂與花為「互利共生」，代表彼此的關係對雙方都有好處，小丑魚與海葵之間也是互利共生。「片利共生」則是只有其中一方得到好處。

異花授粉

異花授粉指的是，必須有另一植株的花粉，才能夠成功授粉，並繼續發育產生種子。有一類植物則是「自花授粉」，花粉來自同一朵花，或是同一植株上的花，就可以成功授粉。

● 蜜蜂的天敵：食蟲虻。

厚禮回去飼養家族中年幼的妹妹、弟弟，以及一家之主的蜂王媽媽。

　　我欣賞著大自然間的這份和諧，卻突然看到一隻小蜜蜂誤入蛛網，難以掙脫。我沒有介入，這是生態上必然存在的食性關係，每一種生物都會有好朋友與敵人。如果只有好朋友，族群可能變得過大，如果敵人太多，族群會萎縮，兩者之間力求平衡才是和諧之道。

　　蜜蜂的天敵不算少，除了蜘蛛，還有食蟲虻、虎頭蜂、蜻蜓、螞蟻等昆蟲，此外蜥蜴、鳥類、蜂鷹等也都是。然而，對於蜂群殺傷力最大的並非這些天敵，而是人類，尤其是殺蟲劑與除草劑的濫用。

蜜蜂消失的危機

桶后林道隨著桶后溪蜿蜒，依著左岸，挨著山壁，時而濃蔭蒼綠，時而藍天清朗。我喜歡一灣灣溪水溫柔而有力的環抱山腰，洶湧或平靜都無損於它的清澈，那是我最喜歡的藍綠色，難以描述的容顏。在太魯閣的神祕谷、美國黃石公園，或阿爾卑斯山腳下的湖泊都有這種難以描述的藍綠，不同於大海或天空的藍，也不似祖母綠寶石那般神聖不可親近的濃，那種潔淨無瑕是會隨著陽光的若隱若現，或晶瑩閃耀，或暗自沉潛。

我在仿若仙境的桶后溪邊用餐，一邊拍著前來喝水的蜜蜂，一邊想著人類與蜜蜂的未來。只有觀察而不思考是無法深入生態問題核心的。自二〇〇六年秋天起，歐美等國陸續爆發大量養殖蜂群離奇失蹤的現象，當年年底研究團隊將此現象命名為「蜂群衰竭失調」（colony collapse disorder），簡稱 CCD。研究人員指出造成 CCD 的因素包括：營養不良、真菌感染、基因改造農作物、氣候變遷、農藥使用等，大都認為並非單一元凶所致。台大昆蟲系楊恩誠教授所領導的團隊，於二〇一四年發表研究成果，他們發現，工蜂食用添加益達胺殺蟲劑的糖水後，立刻喪失飛回蜂巢的能力；幼蜂的反應更是令人吃驚，幼蜂竟然能夠承受比成蟲更高的致死劑量，成長發育上看似不受影響，學習能力卻像是個弱智蜂，成蟲階段無法記得回巢的路，也

就是說蜜蜂的神經系統會因益達胺而受損，最後導致蜂群崩壞。

　　蜜蜂消失並非只關係到我們有沒有蜂蜜可以吃，或蜂農無法生產蜂蜜維持生計，更大的危機是人類的作物糧食問題。因為蜜蜂為許多植物傳播花粉，植物因而得以繁衍生命，而人類也才能享用豐富多樣的蔬果。楊恩誠教授說：「**全球農作物有三分之一仰賴蜜蜂授粉，台灣也有四十多種農產品仰賴蜜蜂授粉。試想，如果蜜蜂繼續消失，人類是否同蒙其害？**」

　　保育蜜蜂的重要性如此簡單明瞭，我可以教會孩子們不要因為怕被蜂螫而傷害蜜蜂，但是唯有透過政府單位的溝通與法令，禁止使用與蜜蜂死亡相關的農藥，或許還有挽救的餘地。例如，歐盟決議自二〇一八年底起，田間全面禁用類尼古丁農藥，包含益達胺等三種殺蟲劑，這遲來的正義正是解救蜜蜂最大的助力。

✏ 模仿蜂的好處

　　用餐後，在溪邊石頭上望見一隻腰身細瘦的蟲子，乍看之下以為是某種泥壺蜂到溪邊取水和泥，打造蜂巢。鏡頭拉長近看，哇，一對「平衡棒」露餡了，是雙翅目的成

> **平衡棒**
>
> 雙翅目昆蟲只靠前翅飛行，後翅演變成平衡棒，用來協助飛行平衡。蚊、蠅等都是雙翅目成員。

● 偽蜜蜂：單蠟蚜蠅，一對「平衡棒」露餡了（箭頭處）。觸角呈丫狀。

● 食蚜蠅停格於空中的時候，一對透明的翅幾乎看不見。

員。昆蟲有一對大複眼，大都不適合貿然趨近觀察，任你腳步再輕、動作再細，小蟲子總是能感應，然後揚長而去，留給你聲聲扼腕。**長鏡頭很適合觀察昆蟲，不驚擾蟲子，也減少許多驚鴻一瞥的遺憾。**

　　事後回家查了資料，發現牠是「單蠟蚜蠅」。你不得不讚嘆造物者的巧思，牠擬態泥壺蜂唯妙唯肖，尤其是腹部第一節，酒紅色細長柄狀，搭配後方黃色環形線條及黑色腹垂，極具美感。這身雅致和人們對於「蠅」的印象極不相符。這套偽裝不只騙過我，應該也成功的嚇阻了一些天敵。

　　單蠟蚜蠅名中有「蠅」字，確實和蒼蠅同一家族，在分類上屬於雙翅目。這個家族共同特徵就是只有一對翅膀，另一對特化成平衡

● 食蚜蠅腹部橙黃色,具多條黑色橫紋。一對平衡棒及紅褐色的大複眼,明顯和蜜蜂不同。

● 裂翅蚜蠅,體長約 15 公厘,體型碩大,長得像極了虎頭蜂,但一對大複眼和粗短的觸角就說明了牠的身分。

棒,蚊子也屬於雙翅目。你以為這一家族都是討人厭的害蟲嗎?並不是喔,蒼蠅雖是逐臭之夫,身上粗毛也沾滿病原,卻是部分植物的傳粉者。此外,像是單蠟蚜蠅所屬的食蚜蠅科成員,成蟲喜好訪花,幫花朵授粉,幼蟲則以蚜蟲為食,這就是牠名字的由來,蚜蟲對作物傷害頗大,因此食蚜蠅算是對植物有益的昆蟲,我們也不要聽到名字有「蠅」字,就急著討厭牠們!

　　食蚜蠅除了外形擬態蜜蜂之外,另有別於蜜蜂的有趣行為,就是像直升機一樣,在空中盤旋停格的特技,這樣方便選好花朵後,再靠近去吸蜜。

　　食蚜蠅科中有許多成員長相酷似蜜蜂,也有模仿熊蜂的,甚至

還有擬態虎頭蜂的。

　　看到這麼多山寨版的蜂，也慢慢的理解為什麼那麼多人怕蜂。在大自然中討生活，除了勤奮、努力、耐操之外，具備一點防衛性武器總是好的。若沒有真槍實彈，就只得裝模作樣，可以騙過天敵就好，能不能「做自己」不是最重要的，存活才是王道。

✎ 單親媽媽——泥壺蜂

　　至於那隻被模仿的泥壺蜂，名稱由來就是繁殖期間，雌蜂以泥為材，做出陶壺狀的蜂室。關於牠的觀察不一定要到郊區或山上，城市

● 泥壺蜂的成蟲喜歡訪花。

● 泥壺蜂的泥巢，旁邊有幾團掉落的小泥球，小泥球掉落後，蜂媽媽就再去找新泥球。

校園或住家附近也有許多材料,除了方便性,更是充滿驚奇與趣味性。牠是獨行俠,不像蜜蜂或虎頭蜂經營社會生活,即使在繁殖期,也是由雌蜂自行負起築巢、產卵、抓蟲的工作。

如果你能親眼看到單親媽媽的牠取土,混以唾液捏出泥壺狀的育幼蜂室,你會叫牠一聲「陶藝大師」,那個泥壺陶口的徑長正是牠自己垂腹大小,毋需動用任何工具就可客製化出一個完美的育兒室了。接著牠會在泥巢上方產下一顆卵,然後出去抓蟲子。抓的大多是蛾類沒有毛的幼蟲,蠕蟲被螫後便昏迷,但沒有死掉。牠在泥巢放入數隻蠕蟲,再將泥壺封口。這樣,卵孵化後就吃這些生鮮蟲子長大,羽化後咬破泥壺飛出。這不只提供我們觀察的樂趣,也幫人類除去部分菜

● 泥巢完成後,蜂媽媽在泥壺的上方產
  下一顆卵。

● 虎斑泥壺蜂捕捉尺蠖蛾幼蟲。

卵

蟲。所以若在教室走廊或住家陽台、窗台等發現壺狀泥塊時，別急著清除啊。

為什麼怕「蜂」

離開溪畔的回程路上，許了一個奢侈的願望，但願遇見分蜂的野蜂群。許多年前曾經在校園見過一次，那蜜蜂數量之多嚇壞了不少學生，可惜只短暫停棲便又蜂湧而去。

所謂分蜂就是當蜜蜂數量太多，產卵空間不足時，老蜂王會帶著一部分蜜蜂離巢，另造新居。二〇一五年四月，淡水老街媽祖廟前的路燈上就出現了這個難能可貴的畫面，我無緣親眼目睹，只能在電視播報新聞時感慨。記者說，至少停留八小時，由於民眾頻頻報案，消

● 野蜂群，東方蜜蜂。

防隊員只好用殺蟲劑驅趕蜜蜂。說是驅趕,實則為殺戮。這不是最好的機會教育嗎?民眾本能的害怕,就是源於對蜜蜂知識的匱乏,相關單位可以圍起封鎖線,立個說明告示教育大眾,實在毋需讓蜜蜂犧牲。

桶后林道雖然沒有太多觀光客,不至於有類似的悲劇,但隱約也能感受到生態浩劫的蝴蝶效應。憶起在內洞林道上,有幾個人工蜂巢箱引人好奇,我猜想是和「鳥屋」一樣的作法,希望受到野生蜜蜂青睞,到此繁衍家族。可惜,兩年來都空空如也。倒是見到其他蜂在此徘徊不去,最常遇見的是長腳蜂。

觀察長腳蜂不需要上山,校園、社區,甚至家裡庭園陽台就有了。每年夏天,我都會接到學生或朋友傳來家裡陽台的蜂窩照片,問我該怎麼處理?這時我都耐心的解釋:「那是長腳蜂的一種,雖然個子大,但個性溫和,不會主動攻擊人,所以不必處理。」我也常進一步的為蜂說話:「你家風水好,蜂才會看上你家,牠是吉祥物,是自然觀察的好材料……,我家也有一窩。」我理解蜂,但不理解人們對於蜂根深蒂固的恐懼心。這麼多年來,願意在陽台上留下蜂窩給孩子觀察,並學習克服恐懼感與長腳蜂和平相處的朋友少之又少。有時,朋友說:「對不起,家人無法接受。」有時動用 119,不再回應我。學校也是,走廊、廁所、教室窗戶、操場,凡是學生活動的地方,有蜂巢必除之而後快。這讓我在教學上十分挫敗,教育單位都如此了,要談生態素養、尊重生命,恐怕都只會淪為口號。

● 人工蜂巢箱空空的，
　等不到蜂。

● 長腳蜂有些個子長得大，很嚇人，但牠可
　是溫和派，是人類對牠們粗暴。

● 黃長腳蜂與牠的巢。蜂巢沒有外牆，只有
　一層蜂室，一支巢柄將蜂巢懸吊在樹枝、窗
　戶、牆壁、天花板等地方。家族成員大多數
　十隻，最多只有上百隻，不像虎頭蜂窩，動
　則成千上萬。

● 雙斑長腳蜂的巢與蜂群。終齡幼蟲會吐
　絲封閉蜂室，然後化蛹。

● 長腳蜂是胡蜂科成員，也會捉蟲回去餵養幼蟲。

讓人聞之色變的虎頭蜂

　　我健行的速度非常慢,慢速不是因為路況崎嶇破碎,而是有太多美麗的景致,我會為一樹楓紅嘆息,也會為一片瓣蕊停留;因一池湛藍駐足,也會因聲聲鳥鳴仰頭。溪的遠處有筆直柔美的肖楠林,近處的石灘平坦,林鷳時而獨自盤旋,時而靜默結伴。山光水色仿若歐洲鄉間,只是少了一間插著國旗的山頂餐廳,沒能去阿爾卑斯山脈的時候,這裡是我洗滌心靈的祕境。

　　這天未能如願巧遇分蜂蜂群,卻在回程 4K 附近有個驚奇大發現,是擬大虎頭蜂蜂巢。哇,這個意外的禮物足以彌補我想看野生蜂分蜂的失落啊!

　　全世界的虎頭蜂約二十二種,台灣有七種,低海拔地區常見的有黃腰虎頭蜂、姬虎頭蜂、黃跗(腳)虎頭蜂、黑絨(腹)虎頭蜂、中華大虎頭蜂。在郊山或稍偏僻的都會區,這五種都不算稀有,我就近在木柵或校園便可以觀察。然而,擬大虎頭蜂一直無緣相識,今天太幸運了,我欣賞工蜂們慢工細活的築巢,門口守衛盡忠職守,是 2 公尺內,近距離的實境,卻仿如夢境啊!

　　虎頭蜂和前面提到的泥壺蜂、長腳蜂在分類上同屬胡蜂科。胡蜂科構造上的共同特徵,是一雙內凹成腎形的複眼,以及停棲時可以縱向摺疊的翅膀。在生態的角色上,胡蜂扮演授粉者和捕食者,牠們

會捕食各種昆蟲，特別是鱗翅目幼蟲等害蟲，以哺育其幼蟲，因此在控制農林業的害蟲族群上，有相當的貢獻。而生活情形並不盡相同。虎頭蜂和蜜蜂一樣都有社會性結構。

> **胡蜂科**
>
> 1. 有一雙內凹成腎形的複眼。
> 2. 停棲時，翅膀可以縱向摺疊。
> 3. 捕獵昆蟲。

許多人對於虎頭蜂的認識僅止於「若被攻擊可能致死」，形態上就只覺得牠很大隻。被虎頭蜂螫了的確容易引起中毒或過敏，嚴重時還可能造成休克，有著使人致命的危險性。但大部分的危險並非來自於虎頭蜂的凶殘，而是人們的不解與輕忽。學校、家庭或社會幾乎都不去教育孩子認識虎頭蜂，也不指導孩子如何與蜂相處，見到蜂巢，就是通報後滅巢。孩子連蜂巢都不認識，如果在戶外看到一個籃球大的東西，本能的好奇心驅使下便會砸開來一看究竟，許多悲劇就發生在這瞬間。

隔離危險不一定就能免於危險。沒有孩子能終生生活在沒有任何危險的環境中，大人不斷的滅除危險而不教育，恐怕只會帶來更大的險境。

很多人以為虎頭蜂多出現在郊區、山林，孩子只要待在都會區就沒事了。那可未必。因著人口增加，許多住宅擴增至都市附近的淺山郊區，原本屬於野生動植物的地盤被壓縮，人與野生動物的棲息地重

疊,自然提升了居民與野生動物接觸與衝突的機會。我們可能還滿喜歡住家附近就能賞鳥、賞螢、賞蛙,卻不喜歡賞蛇、賞蜂。**「不喜歡就消滅」,這是最難以接受的心態,為了消弭這個錯誤的態度,我以身作則去學習蜂的知識,小心謹慎的觀察、認識,並設計課程**,希望孩子們能懷抱敬畏之心接近大自然,在大自然中懂得與動物相處,也享受觀察的樂趣。

今天遇見的擬大虎頭蜂除了體型略小,外觀上和中華大虎頭蜂幾乎一模一樣,若非那個高掛壁上、虎紋美麗的蜂巢,與中華大虎頭蜂地面樹洞低調築巢大不相同,只從遠處看見一隻蜂,並不易區分兩者。

● 擬大虎頭蜂及其蜂巢。擬大虎頭蜂攻擊性不強,通常隱居於森林中,對人類的威脅遠低於大虎頭蜂。

● 虎頭蜂的蜂巢最大的特徵是有特殊紋路的外殼。牠也會這樣悄悄的在住家或教室窗邊築巢。

● 除了體型較小，擬大虎頭蜂前胸背板兩側具有獨特紅褐色斑塊，這是與大虎頭蜂外表上最大的差異。

● 二〇一九年二月，蜂巢上還有黃腳虎頭蜂在活動。

　　二〇一八年起，桶后林道雖然已經開放，但許多路段都還在施工中，我慣於健行兼觀察，也要閃躲來來回回的工程車、小客車、機車。林道上還有不少被路殺的小動物，死傷最慘重的是蛇類，其次是蛙。我一度擔心路邊這麼明顯的一窩蜂，會不會很快就被發現後消滅，所以我幾乎是隔週就來，從不到一個排球大，一直觀察到成為橢圓形、橄欖球大小。

　　這幾年的暖冬，木柵地區許多虎頭蜂王朝並未在冬季結束。我記錄過一至二月中，黃腳虎頭蜂、黃腰虎頭蜂、黑腹虎頭蜂蜂巢中都還有蜂群活動。我很好奇這一窩擬大虎頭蜂會在何時結束。關於動物觀察，長時間的定點探索是很重要的，姑且不談學術研究上的必要性，就單純對於生態的認識已極具意義。例如，若只在冬天來這林道一

● 二〇一八年一至二月還在活動的黑腹虎頭蜂及其蜂巢。

次,不見蛇或昆蟲,就很難知道這裡生態的全貌。當然了,**最珍貴的是,人因為認識而對土地產生認同的情感,這種腳踏實地的鄉土情懷才是生態保育最大的後盾。**

專吃蜘蛛的蛛蜂

我數次回到這條林道上,依然得閃躲車輛,偶爾幫蛇過馬路,但力量微不足道,有時到溪邊感慨一下不夠友善生物的工法。還經常遇

見另一類專門抓蜘蛛的蜂——「蛛蜂」。大家對蜘蛛多半無好印象，肉食性的蜘蛛無論掛不掛網，狩獵生物的技巧都相當高明，是許多昆蟲的剋星，但若遇到覓食的蛛蜂，就只能無奈的被擺平。

蛛蜂成蟲多以花粉、花蜜為食，但當雌蜂要養育後代時，就會到處搜尋獵物——蜘蛛。蜘蛛遇上蛛蜂幾乎都無好下場，蛛蜂追擊到獵物後，隨即螫牠一下，蜘蛛立即失去行動力，只能任蜂宰割。我在林道上數次看到蛛蜂獵捕了與自身體型大小相當的蜘蛛，接著以大顎將獵物截肢。看到蜘蛛的腳一隻隻被截斷丟棄實在不忍，但這就是野性大地，這就是食物鏈，唯有尊重萬物的存活方式，大自然才得以生生不息。蛛蜂捕捉蜘蛛的目的是為了後代，雌蜂將獵物拖入巢後，便在

● 蛛蜂的一種。

牠身上產卵，封住巢穴入口後離去。巢中的卵孵化為幼蟲後，就是以這蜘蛛為食。蜘蛛只是被麻醉並非死亡，所以幼蟲享用的是新鮮獵物而非腐敗食物。這種育幼方式是不是和泥壺蜂有幾分類似呢？

用理解開啟尊重、關懷之心

我幾乎每個週末都回到林道觀察，四個多月之後，十月初記錄到擬大虎頭蜂結束了牠的王朝。意思是，這一窩中，當年度的家族成員都已死亡，而新生的蜂王們會離巢與其他雄蜂交配，再找個隱密的地方冬眠越冬，明年春天甦醒後，各自再建立新王朝。十月中，我以簡單的工具取下這個美麗的蜂窩，內心激動不已。我沒有許願明年在這裡再見到牠們的子代，而是希望牠們去尋覓更隱密、更無人煙的森林去延續蜂世代。我將帶著這美麗虎紋的紀念品，為蜂代言，為所有的野蜂發聲。野蜂只是一把鑰匙，開啟生物與環境關係的鑰匙，入門之後，我們會更理解這些小生物，也才能以尊重、關懷之心，友善更多物種的生命與處境。

我許願：「萬物的未來更加美好。」

Go 觀察野蜂，我要這樣做

1. 春天是賞蜂最佳季節，只要前往附近山區步道，就可以看到蜜蜂、蛛蜂、長腳蜂、泥壺蜂、虎頭蜂……等多種野蜂。

2. 事先了解各種蜂的長相，將相機當望遠鏡用，在遠處就能觀察，並靠特徵分辨出是哪一種蜂。

3. 注意步道周圍低矮、多花的草本植物，就近觀察愛吃花蜜的蜂類。

4. 留意四周環境，在校園、住家或山區等地方，都有機會發現泥壺蜂、長腳蜂或虎頭蜂的蜂巢，觀察牠們的行為，以及超有特色的巢。

5. 發現新鮮蜂屍體，可以帶回家仔細觀察牠的身體構造。

野蜂調查配備

1. 高倍率照相機：可作為望遠鏡使用，也可以拍下蜂的

影像，是記錄用的重要工具。

2. 放大鏡：近距離觀察用，可以放大觀察細節。

3. 夾鏈袋與圓形生態觀察盒：將蜂屍裝進夾鏈袋，再放進盒中，方便帶回觀察。

4. 簡單藥物與雨具：以備不時之需，若不小心被蚊蟲叮咬或受傷，可及時處理。雨具可因應天氣變化。

● 高倍率相機

● 放大鏡

● 夾鏈袋

● 雨具

🔭 我是動物學家　李曼韻

　　台灣師範大學生物系畢業，現任國中生物教師。喜歡教育工作、課程研發，曾獲台北市特殊優良教師獎、教育部教學卓越獎、師鐸獎，著有「生物課好好玩」系列書籍。

　　「自然觀察」對我而言，是習慣，是興趣，更是生活中的一部分。

　　環境在改變，而人們對待野生生物及土地的態度與方式讓我感到不安。這份不安讓我在健行旅行中無法完全的放懷山林，我記錄著生態的變化，累積的腳程不是肌肉的疲累，而是心境的沉重。於是，我將這些足跡化為課程，寫成文字，期待影響更多的孩子。我幫許多動物說話，特別是蛇、蜘蛛、毛毛蟲……這些不討喜的動物，其中難度最高的就是「蜂」，尤其是虎頭蜂。當然了，虎頭蜂並非保育類，但牠可以是生態素養的指標。我期望孩子不要因為害怕就想除掉牠，而是要懂得相處之道，不用暴力或藥物，讓物種達到平衡。這就是最高境界的生態素養。我期待教育及文字的力量。

延伸書單

- 野蜂放大鏡。楊維晟 著。天下文化，2010。
- 與虎頭蜂共舞：安奎的虎頭蜂研究手札。安奎 著。獨立作家，2015。
- 蜂台灣。李偉傑 拍攝。行政院農業委員會林務局，2013。（DVD）
- 達爾文女孩。賈桂琳・凱利 著。鄒嘉容 譯。小天下，2010。
- 科學怪人。瑪麗・雪萊 著。
- 全世界最感人的生物學：用力的活，燦爛的死。稻垣榮洋 著。黃詩婷 譯。圓神，2021。
- 少年小樹之歌。佛瑞斯特・卡特 著。蕭季瑄 譯。高寶，2021。

Chapter ③

獺往何處？
金門地區歐亞水獺
生態與研究工作

袁守立

東海大學生態與環境研究中心
博士後研究員

（本文內容中所稱水獺除特別註明外，均指歐亞水獺）

二〇一五年時，在多位專家先進號召，以及林務局的支持之下，針對瀕危物種的研究及保育工作開枝散葉，蓬勃發展。剛好時機巧合，我有幸與金門國家公園管理處、金門縣政府合作，參與金門地區重要物種「歐亞水獺」的調查研究工作至今，從此與這些小水怪們結下緣分，且在這篇文章中與各位分享這些外表可愛但內心猛獸的動物故事，並歡迎大家加入水獺調查員的行列。

認識金門

　　開頭還是得從金門這個小島談起，說到台灣的離島，相信大家的第一印象一定是綠島、蘭嶼、澎湖等風光明媚、盛產美味海鮮的島嶼，而幾乎忘記我國領土範圍內，仍包括金門群島、馬祖列嶼、烏

● 金門島上的人工水域。

坵、東沙群島、中沙群島、南沙群島等小面積島嶼,這些真正的「離島」,因為距離台灣本島較遠(基本上都要搭乘飛機才可抵達),帶有截然不同的風土地理、人文與自然風貌,當然野生動植物也獨具一格,只是比較不為人知。根據金門縣政府的官方文宣介紹,金門縣總面積約為 150 平方公里,共轄有十二個大小島嶼,主要島嶼又稱金門島,外觀為狗骨頭樣貌,鄰近的小島為烈嶼(又稱小金門),與中國大陸所轄的廈門島隔海相望,距離僅約 2 公里,近到在烈嶼的西北側海岸,用望遠鏡就可以看到對岸的民眾在做沙灘日光浴。金門的緯度與台中市大略相當,但因為缺乏大面積陸塊調節氣候,金門的冬季受到東北季風的影響顯著,氣溫偏乾冷;夏季時則酷熱,日照強烈。同樣因為小島緣故,金門降雨量偏低且難以蓄水,呈現半乾旱狀態,對各類野生動植物而言,是十分嚴酷的環境。在地農作亦多為旱作,民

眾種植高粱、小麥等釀酒原料，受益於優秀的地下水水質，金門產的金門高粱酒香醇甘冽，為當地最負盛名的特產。此外，因金門位於前線位置，過往戰備時期，軍隊因水源需求而到處挖掘人工湖泊、水庫等蓄水池（在金門通稱為淡水湖庫），使金門島嶼雖小，卻到處建有各類型人工水域，供應自來水或灌溉用途，但氣候導致水源不足的問題無法解決，二〇一八年後金門縣開始向中國大陸的水庫直接購水，目前亦朝向通電、通橋的方向持續推動進行中。與台灣的鄉間類似，金門人口老化與外移問題十分嚴重，但因金門酒廠所生產的金門高粱酒為金門帶來豐厚的收益，金門縣的離島優惠及社會福利較其他離島，甚至比台灣本島更好，使得金門縣的人口幽靈化非常嚴重，設籍人口超過十萬人，但常住人口不足六萬人，與對岸的廈門島百萬人口形成強烈的對比，也因此近年的觀光需求等開發壓力很大，過往戰地政務時期留下的自然風貌及戰地風情也岌岌可危。

人類與水獺的世界

如前段所述，金門各地設置儲備為飲用水、戰備用水、灌溉用水等用途的各類湖庫與農塘，在金門民眾的傳統觀念與獵捕需求下，幾乎所有湖庫、農塘或村落風水池（聚水招財用），均有放養魚類。但因為水源不安定，缺乏流動，金門的湖庫水質不佳，優養化情形嚴

● 慈湖

● 金沙溪流域

● 太湖流域

重，能存活的魚類以外來種的吳郭魚為主，數量十分龐大。這些當初因人類特定使用目的而設置的湖庫或農塘等，誤打誤撞成為各種鳥類（如翠鳥科的斑翡翠、蒼翡翠，著名的冬候鳥鸕鷀等），以及歐亞水獺的最佳覓食場所。包括西半島的慈湖、雙鯉湖、金山池，島中央的瓊林水庫、蘭湖，以及東半島的金沙溪流域、前埔溪流域、太湖流域等均有水獺棲息，雖然數量上東多於西，但全島的淡水水域空間均有水獺活動，東半島多數村落內的風水池，亦常可見水獺拜訪後留下的排遺等痕跡。

我是生態調查員，出門找水獺

在社群網路的推波助瀾下，我相信各位或多或少都看過網路上推播的可愛水獺影像，其中以「小爪水獺」（*Aonyx cinereus*）為最常見到的物種，牠們體型小、活潑、群居，又是日行性的水獺，容易適應人類世界，部分國家開放合法登記飼養或繁殖。日本國內過去幾年曾開放進口及飼養，各社群媒體均可見到這些小爪水獺寵物影片頻道，模樣及行為非常

小爪水獺盜獵濫捕危機

小爪水獺生活在東南亞、印度、中國等地。因為成為寵物飼養市場的新寵，需求量增加，印尼、泰國等地，越來越多人獵捕水獺寶寶來賣錢，造成野外小爪水獺族群的生存危機。

可愛討喜,甚至出現如水獺咖啡廳的一股飼養風潮。但這樣的現象最終導致東南亞國家的小爪水獺族群,盜獵濫捕的狀況日益加劇,二〇一九年日本終於決議禁止小爪水獺的寵物進口及販賣、繁殖,以避免買賣行為導致其滅絕。這些保育行動的基礎資料,都來自研究人員協同關心保育的民眾共同收集而得到,並經過共同討論後決定,這也是調查、整理野生動物各項生態資料的主要價值——**了解自然環境中的生物資源,並維持生物多樣性**。

執行生態研究與調查工作均有其目的,唯有認清並了解調查目標物種的生物特性之後,再按該物種的特徵、習性安排調查時間、方法、人力配置,才能收到「有效率、有效果」的資料,而不會虛晃時間且徒勞無功,且讓我們從了解「歐亞水獺」這個物種開始。

認識歐亞水獺

物種分類:食肉目、貂科、水獺屬、歐亞水獺(*Lutra lutra*)。

分布:廣泛分布於歐洲至亞洲各地,乾燥與寒冷地區除外。我國境內僅金門地區有穩定的歐亞水獺族群,台灣本島過去曾有歐亞水獺活動證據,但近三十年無任何水獺目擊紀錄,極可能已滅絕。

外型描述:歐亞水獺為中型哺乳動物,體重大約5～14公斤,體全長大約83～132公分,尾長大約占體全長的二分之一左右。四

肢短但行動敏捷，每肢有五趾，趾間有蹼相連，可幫助水下推進行動。歐亞水獺有明顯的雌雄二型性，雄性外觀明顯較為壯碩，體重常可達 10 公斤以上。牠們的身體流線，善於游泳，身披濃密毛髮，有防水及禦寒的功用。

棲地：歐亞水獺出沒在包括海岸線在內的各種類型水域棲地，以樹洞、岩洞、灌

雌雄二型性

雌雄二型性指的是成年雄性和成年雌性，外觀不太一樣。雄性歐亞水獺身型比較壯碩，許多哺乳動物也是同樣狀況。而在昆蟲中，則大部分是雌性體型比較大。

● 歐亞水獺

叢、草澤作為休息、築巢空間,且常有多個巢穴交替使用。因金門地區的歐亞水獺已適應人造環境,包括村落內的風水池、溝渠等排水系統,最近亦有多筆水獺居住使用紀錄。

習性:歐亞水獺主要以淡水魚類為食,消化速度快,水獺排遺(糞便)內可見大量魚鱗、魚刺等未完全消化的殘骸。牠們也會取食鄰近水域棲地的兩棲類、爬蟲類、小型哺乳動物,甚至鳥類等。但因歐亞水獺分布範圍廣闊,各地的水獺族群食性常有因地制宜的適應變化。歐亞水獺獨居,且為夜行性動物,因個體數量少,平時甚難觀察,繁殖季時雌性會帶著幼獸一同行動,此時較容易觀察到其群體活動。具有領域性,經常以排遺標記領域,水獺出沒範圍的水岸邊石塊、土堆、草地,甚至垃圾等突出物,均可能為水獺施放標記的「目標」。歐亞水獺的移動能力甚強,歐洲研究資料顯示,雄性水獺的領域可達15公里的流域,雌性則為7公里左右,雄性個體之間會因爭奪地盤或配偶權而發生衝突打鬥。一般而言,每5公里的的河段,平均僅有一隻歐亞水獺居住,是需要較大領域的動物。但根據水獺研究團隊資料,目前金門地區可能居住一百至兩百隻的水獺,以歐亞水獺的領域性來評估,已十分擁擠,確實也記錄過多次水獺間的打鬥行為。

繁殖:歐亞水獺沒有特別的繁殖季,全年可生殖。雌性沒有特定配偶,懷孕期大約六十至六十三天,每胎可產下一至五隻幼獸。幼獸跟隨在母獸身邊的時間長達一年以上,學習包括游泳、狩獵在內的

● 水獺排遺內可見大量魚鱗、魚刺等未完全消化的殘骸，甚至鳥類。

● 水獺經常以排遺標記領域，水岸邊石塊、土堆、草地等突出物，均可能為標記的「目標」。

各種生活技能,大約兩年才會達到性成熟。我們歷年的調查結果發現,金門的水獺在每年入秋(九月)之後明顯變得活躍,各地可觀察到成雙入對的水獺活動,這個狀況會延續到隔年的三月,此時可觀察到幼水獺跟隨母水獺一起活動,但因幼水獺對棲地環境仍在熟悉階段,此時期發生路殺等意外的機率亦較高。

> ### 路殺
>
> 路殺指的是野生動物被車輛碰撞,因而死亡的現象。人類的活動範圍增加,因為建設了許多新道路,與野生動物生活空間重疊,路殺的情況越來越常見。

　　生存威脅:在野外,歐亞水獺無天敵,但遊蕩動物,特別是流浪狗成群結隊活動時,可能會攻擊水獺,造成水獺死亡。此外,因人類活動造成的棲地喪失、破壞、分割,以及歐亞水獺賴以維生的水域空間乾涸、汙染等棲地問題,仍是歐亞水獺無法生存的主要關鍵因子。

　　(參考文獻:IUCN 水獺專家群的歐亞水獺生態報告書)

● 小水獺跟著雌水獺學習各種生活技能。

怎麼觀察與記錄歐亞水獺的活動？

　　觀察野生動物的方法已行之有年，基本可分為「直接觀察」與「間接觀察」兩種方式。前者一般為人眼直接現場觀測調查，但近年用於野生動物調查的器材設備發展快速，**現已有各類型的輔助或自動裝置，可代替人類於野地調查那些隱蔽性較高，或夜行性等平時難以親近的動物，這也是我目前最推薦的調查方式**。間接觀察則需要對目標物種有較多的知識，透過觀察記錄野生動物留下的痕跡或聲音等，判斷牠們的行蹤。對於目標物種歐亞水獺，我推薦的觀察方式有下列幾種：

一、排遺、足跡觀察

　　歐亞水獺天性喜在水域棲地附近以排遺進行標記「打卡」，這是水獺間的溝通管道，功能除了基本標示領域範圍之外，還可以透過排遺內的化學信號——「賀爾蒙」，讓水獺之間得知彼此的身體狀態，這在繁殖高峰期特別重要。又因金門缺水，泥濘的湖庫或溪床底，經常可見水獺穿越其中的足跡，可愛且讓人驚喜。得益於金門的道路密集，且水岸容易親近，觀察者可以在住家周邊或出外踏青活動時，多留意身旁的湖庫、溪流等步道沿岸，或村落中風水池的取水階梯等處，觀察是否有出現水獺的排遺或足跡等痕跡，進行記錄回報。

● 排遺是水獺的溝通管道,若發現排遺,可進行記錄並回報。

目前金門地區的水獺分布東多於
西,嚴重不均,現在尤其需要西半島的
水獺活動資料,例如位於西半島的古崗
湖區域以及烈嶼等地,過去均曾有歐亞
水獺活動,但近三年的調查結果發現,
這些區域的水獺活動極少,估計僅有
一、兩隻水獺短暫居留。為了掌握西半
島各地的水獺活動狀況,我們付出極大

● 水獺的腳印。

心力進行調查，但往往事倍功半，因此需要在地民眾協助調查西半島水獺的活動頻度及分布地點。除此之外，金門的海岸線仍可持續發現水獺活動，歐亞水獺雖然可以在海中捕捉食物，但無法直接使用海水，亦需要鄰近的淡水棲地清洗毛皮以維護防水隔熱性能。我們調查時偶爾可觀察到少量排遺及影像資料 ，但受限於潮汐影響，這些水獺痕跡難以保存，現在仍不清楚這些水獺是定期拜訪還是偶然路過海岸線，牠們是否居留在鄰近的防風林內？或者是千里迢迢由內陸的湖庫來到此地，這些目前都還沒有答案，若在地民眾能參與調查並提供觀察資料，諸如後續在水獺頻繁出沒的海岸線附近，重新營造淡水棲地等方案都將可採行，對之後的水獺保育復育行動將有關鍵性的影響。

● 金門海岸線記錄到水獺影像。

進行現場觀察時的注意事項:

1. 安全至上,建議結伴同行,可使用望遠鏡觀察排遺等痕跡,勿太過靠近水邊以免發生意外。

2. 野外調查時應穿合適的衣物,包括長褲、長袖服裝,穿著雨鞋防止蚊蟲及蛇類咬傷。

3. 推薦使用智慧型手機進行調查成果的記錄,並上傳至「獺足金門」水獺活動回報平台,作為永久紀錄形式保留。

二、使用儀器設備進行觀察

受限於歐亞水獺為夜行性哺乳動物,且身披黃褐色的保護色毛皮,要以肉眼直接觀察水獺活動的難度極高。我推薦的夜間水獺觀賞區是金門東半島的太湖東側,靠近太湖淨水廠的堤岸道路,此區段因有路燈照明,較容易直接觀察水獺。二〇二〇年,此處的堤岸道路設置 3D 漂浮斑馬線後聲名大噪,目前四輪車輛禁止通行,對步行者來說亦較為安全。建議前往的時間為日落前三十分鐘左右(夏季時大約晚上六點半,冬季時大約晚間五點半),於該堤岸道路等候,大約等到晚間九點左右即可離開,整段道路有路燈照明範圍,均有可能看到水獺活動。運氣好的時候,可目擊到剛睡醒的水獺穿越道路至太湖,或於護岸邊緣捉魚、啃食、排遺、掘土,甚至睡覺等行為。太湖區域的水獺已經習慣人類的存在,但請牢記歐亞水獺仍是野生動物,具有

● 堤岸道路捕捉到水獺活動身影。

野性，觀察同時請務必留意下列事項：

　　不騷擾：請勿大聲呼喊，或使用手電筒、閃光燈等干擾牠們的活動。

　　不接觸：水獺對人類仍有戒心，請於遠處觀察牠們的行為，保持適當的距離。

　　若預算充足，亦可考慮購置夜視鏡進行夜間水獺觀測，市售價格每台大約在兩萬元以下，透過夜視鏡的光放大效果，可清楚看到水獺於沙地上，甚至湖中央小島的活動，更添趣味性。如對水獺的長期生

● 紅外線自動相機

● 紅外線自動相機捕捉到水獺攻擊水鳥畫面。

態有興趣，願意投資設備，強力推薦野生動物調查使用的紅外線自動相機設備 ，此類裝置每台售價大約在一萬至一萬五千元左右，可設置在水獺常使用的排遺點、經過路徑，或常上岸使用的休息點（需先進行現場調查確認水獺痕跡）。紅外線自動相機的優點是可二十四小時監測，且紅外光為不可見光，不會干擾水獺正常活動模式，亦可設置在人類無法自由進出的位置記錄。設置紅外線自動相機需要一定程度的野外調查經驗以及設置技巧，但只要安裝得宜，水獺在相機前面會做的事情，常常超過你我想像。

設置紅外線自動相機的注意事項：

1. 防盜：建議相機要加上鐵殼、鎖頭、鐵鍊等防盜設施。鐵殼同時可遮風避雨，延長相機使用壽命。

2. 慎選設置位置：避免人車常經過區域，觀察水獺時更應注意季節性水位變化，紅外線自動相機可防一般雨水但不能泡水。

3. 定期維護：一般紅外線自動相機的內置電池，電源可維持一至三個月，需要定期保養更換，亦需整理環境，以免風吹草動造成大量空拍。

關心歐亞水獺保育，我能做什麼？

1. 關心各類工程或開發案的規畫設計與執行進度，積極公民參

與，提出意見。

　　2. 留意社群媒體的水獺相關新聞與新知，積極參加各類生態保育相關演講與工作坊，充實自我保育認知。

　　3. 以實際行動支持生態保育的 NGO（非政府組織）及政府單位，如參與志工工作、捐款或捐贈物資。

　　4. 協助歐亞水獺的公民科學研究計畫：獺足金門（https://otter.tbn.org.tw）。

　　只要人類的開發行為沒有減緩，包括歐亞水獺在內的野生動物，受到的滅絕威脅便一日不會減少。以金門為例，過往因戰地政務使開發受到限制，自然景觀及生物資源得以保留，但近年觀光開發需求日增，目前趨勢已經不可能回頭限制經濟發展的腳步，唯有尋找到生態保育與開發建設的平衡點，才能使諸如歐亞水獺等可愛又特殊的動物能永續留存。水獺研究團隊會持續站在保育工作的第一線，但需要各位民眾成為最堅實的後盾，**其中一個方法就是積極參與公民科學的調查活動並做出貢獻，每一筆簡單的水獺活動資料，都將成為之後評估開發計畫與保育工作時的重要參考資料**，在此期望各界的參與，讓金門島上的水獺能不只是在地重要的代表性物種，也是後代能持續關愛的水中精靈。

‹ 勇敢又害羞的水怪們

　　跟石虎、黑熊、穿山甲等這些在山中生活的陸域野生動物不同，半水棲習性的歐亞水獺，原則上都是居住在水域棲地附近，尤其是溪流或湖庫等沿線範圍，都是水獺的主要活動領域，相對於其他哺乳動物更容易進行追蹤。五年以來，我與團隊其他成員合作架設的紅外線自動相機收集到非常多歐亞水獺的影像，也觀察到非常多水獺的有趣行為。以結論來說，金門的歐亞水獺是外型長得像老鼠，好奇心像貓，但膽子跟小狗一樣的可愛動物。

一、軍靴啟示錄

　　二〇一九年十二月，我們與金門縣政府協調，在水獺常常出入使用的湖尾溪大攔水堰設置階梯，方便水獺跨越攔水堰通行，並且使用紅外線自動相機觀察水獺的使用狀況。此案例設置的動物友善裝置是使用空心磚和水泥固定而成，即便是為動物使用而設計，但仍然是人造物件，通常預期將會有一段適應時間 。但監測影像令我十分意外，水獺階梯安裝完成的隔週，便有水獺開

動物友善裝置

動物友善裝置的設置，是為了減少人為建設對野生動物的影響，例如建設動物專用通道，讓牠們不用橫跨馬路，就可以越過車道。在水壩建立魚梯，讓迴游魚類可以上溯迴游。

● 水獺被一雙「軍靴」嚇壞了。

始爬越使用，並在階梯上留下排遺，從水獺的行為看來，並沒有任何排斥的徵兆。**由觀察結果推斷此區域的水獺經常在高度整治的溪流中穿梭移動，已經非常習慣水泥化溪流的人工構造，並且視為理所當然，因此對這些友善設施的接受度非常高。**更有趣的是，二〇二〇年有人將遺棄的軍靴放置在水獺階梯上，我們檢視該月的紅外線自動相機照片，發現水獺照慣例於夜間出現，並從水中爬上階梯，但見到軍靴的那一瞬間，水獺竟然轉頭逃走。至此有十天左右，水獺爬上階梯之後都是不敢更往前進，對軍靴有著明顯的排斥反應。金門地區的歐亞水獺長時間與人類相處，我原本預期水獺對這些常常出現在水域棲地的「垃圾」應該早已習慣，沒想到竟然還是對這些「人形」物件有這麼大的反應。之前我也曾協助縣府處理一些水獺危害事件（偷吃村

● 水獺頸部有異物纏繞。

落內居民飼養的錦鯉等），那時也曾經苦思如何在不傷害、不干擾水
獺行為的前提之下，阻止這些錦鯉盜賊犯案，但似乎一雙「軍靴」就
能阻擋這些毛怪，且讓我命名為「水邊稻草人」吧！

二、令人擔憂的水獺們

透過現地調查工作，這些年我也觀察到金門地區的歐亞水獺對各
類工程建設的干擾越來越習以為常，其中一個重要原因是金門經常在
水域範圍內，或鄰近區域進行各種整治或改建工程，水獺夜間巡視領
域或尋找食物時，無可避免會穿越這些工程進行中的區域，就算沒有
穿越道路因路殺死亡，但工地中遺留的各類機具與建築材料等，都構

成水獺移動時的潛在受傷風險。實際上,確實曾有民眾發現停留在溪岸的怪手履帶上出現水獺排遺痕跡,我也只能盡可能提醒承包工程的廠商要留意有水獺活動,有異狀時應回報處理。

在眾多影像紀錄中也出現過身體狀況明顯異常的水獺,包括異常消瘦、疑似打架受傷等案例均持續發生,而最讓我害怕的是二○二○年發現有一隻雄性水獺個體的頸部有異物纏繞。類似案例在新加坡的江獺(*Lutrogale perspicillata*)的幼獸身上也曾發生過,二○一七年時,新加坡江獺研究團隊發現一隻幼江獺身上被 O 型環纏繞,隨著個體長大,毛皮逐漸撕裂見血,模樣十分可怕且具致命性。當時在地的江獺研究團隊,動員一百餘人捕捉該江獺及緊急醫療行動,牠最後終於擺脫身上的異物,恢復自由之身且平安健康存活。回想金門目前仍沒有任何單位有野生歐亞水獺的主動捕捉經驗與技術,還好最後透過紅外線自動相機的持續監測分析,可以確認這隻水獺身上的異物已經自行脫落,不然還真的不知道該怎麼召集專家人力來進行如同新加坡江獺研究團隊那樣的緊急救援行動,而這也是目前對金門地區歐亞水獺的保育行動應當持續加強的部分。

透過本文,期望各位能進一步了解這個在台灣已經絕跡,但在金門繁榮繁盛的可愛小妖怪,並祈禱牠們能有重回台灣這片土地的一天。

觀察水獺，我要這樣做

1. 水獺生活在各種水域附近，留意身旁的湖庫、溪流等水域旁邊，是否有排遺或是足跡，就可以找到水獺出沒的地方。

2. 觀察排遺，了解水獺吃什麼食物。

3. 水獺為夜行性動物，確認水獺出沒地點後，可以設置紅外線自動相機，記錄水獺的活動。（要確認設置地點是否需要申請許可）

4. 夜間直接觀察水獺時，不使用手電筒及閃光燈，用夜視鏡輔助觀察。

5. 觀察結果上傳到「獺足金門」水獺活動回報平台，留下永久紀錄，協助水獺研究。

6. 結伴同行，用望遠鏡觀察水獺的排遺、腳印等痕跡，不要太靠近水邊。

水獺調查配備

1. 望遠鏡：用望遠鏡觀察水獺的排遺及腳印，以免離水邊太近。

2. 夜視鏡和紅外線自動相機：夜視鏡強化光源，輔助觀察，紅外線自動相機自動攝影，用來捕捉在夜間活動的水獺身影。

3. 智慧型手機：可以將調查成果直接上傳到「獺足金門」網站。

4. 長袖、長褲與雨鞋：避免被蚊蟲及蛇類咬傷。

● 雙筒望遠鏡　　　　● 夜視鏡

● 智慧型手機　　　　● 雨鞋

🔭 我是動物學家　袁守立

　　台北市人，生於西元一九七六年，感謝父母親給了一副娃娃臉，四十四歲時還會被郵局阿姨叫學生。最有興趣的東西是電玩、漫畫與動畫，喜歡試用各類型 3C 產品，對電子產品稍有了解，沒想到之後卻變成應用在野生動物調查工作中。大學時進入東海大學生物系（現為生命科學系），最後一路在生科系跌跌撞撞念完博士。主修專長為哺乳類學、生態學與分子生態學，博士階段研究主題是亞洲水鼩，是目前國內唯一以此種半水棲小型哺乳動物為研究主題的生態學者，跟水鼩奮鬥的數年間，累積不少半水棲哺乳動物的調查經驗與生態知識。二〇一六年開始與金門的歐亞水獺結緣，藉由過往的經歷，快速累積到大量水獺活躍影像與生態資料，也發現許多水獺過去不為人知的可愛面及凶暴面。歐亞水獺是讓人驚喜但又脆弱的動物，需要各界持續關心注意，本文中概要描述我過往幾年對歐亞水獺的了解及觀察心得，跟其他保育類野生動物相比，歐亞水獺是十分容易觀察的動物，期望讀者在閱讀後也能實際參與，透過「學中做」的過程，從中得到親近水中精靈的樂趣。

　　我要特別感謝林務局支持瀕危物種保育與研究的作為，以及特有生物研究保育中心，包括台灣生物多樣性網絡與台灣動物路死觀察網的多位研究人員指導水獺調查方法學。也謝謝金門縣政府的保育業務承辦人員：鐘立偉、鄭向廷、陳宗駿、洪佩琦、李佳琪，對歐亞水獺研究、緊急事件處理及辦理保育教育活動時的支持，還有金門縣野生動物救援暨保育協會的歐陽夢澍、徐曉萍、王鈺明獸醫師，以及黃富榆研究員的在地支援。最後是與我共同進行歐亞水獺研究調查的東海大學水獺研究團隊，在林良恭老師、侯惠美、戴逸萱、陳冠豪等專家助理群全力支援之下，才能收集到這麼多水獺的調查成果。

延伸書單

- 別讓世界只剩下動物園：我在非洲野生動物保育現場。上田莉棋 著。啟動文化，2018。
- 西頓動物記。厄尼斯特・湯普森・西頓 著。莊安祺 譯。衛城出版，2016。
- 我鐘樓上的野獸：全球最受歡迎動物作家的動物園實習生涯。傑洛德・杜瑞爾 著。唐嘉慧 譯。木馬文化，2019。
- 我在動物孤兒院，看見愛：犀牛、樹懶、棕熊、亞洲象、台灣黑熊、石虎，愛的庇護所紀實。白心儀 著。有方文化，2020。
- 孩子的第一套 STEAM 繪遊書 10 終於再見神話之鳥 看生物學家如何解開燕鷗的祕密。鄭倖仔 著。木馬文化，2019。
- 美麗的滅絕：世界瀕危動物圖鑑。米莉・瑪洛塔 著。吳宜蓁 譯。PCuSER 電腦人文化，2019。
- 意外的守護者：公民科學的反思。阿奇科・布希 著。王惟芬 譯。左岸文化，2018。
- 和路邊的野鳥做朋友：超萌四格漫畫，帶你亂入很有戲的鳥類世界。川上和人、三上可都良、川嶋隆義 著。陳幼雯 譯。漫遊者文化，2020。
- 烏鴉的教科書 + 鳥類觀察手帳雙套書。松原始 著。張東君 譯。貓頭鷹，2018。
- 噢！原來如此 有趣的鳥類學。陳湘靜、林大利。麥浩斯 ，2020。
- 怪咖動物偵探：城市野住客事件簿。黃一峯 著。三采，2019。
- 生物演化的 45 堂公開課：從不可思議到原來如此。陶雨晴 著。日出出版，2019。
- 鳥類學家的世界冒險劇場：從鳥糞到外太空，從暗光鳥到恐龍，沒看過這樣的鳥類學！。川上和人 著。陳幼雯 譯。漫遊者文化，2018。
- 鳥的感官：當一隻鳥是什麼感覺？柏克海德 著。凡赫魯 繪。嚴麗娟 譯。貓頭鷹，2018。
- 水獺與朋友們記得的事。池边金勝 著。時報出版，2021。

Chapter 4

石虎研究員的調查手記

陳美汀

社團法人台灣石虎保育協會理事長

凡事都有第一次，回想起來，身為石虎研究人員的我第一次看到台灣野外的石虎，是架設的紅外線自動相機拍到的，雖然嚴格說來不算是「直接」目擊，只是「間接」目擊。當然，主要是因為石虎的生態習性導致研究人員很難直接觀察到研究對象，大多需要憑藉研究工具進行間接的調查和研究。坦白說，無法直接觀察到研究對象對於研究人員是個考驗，不僅增加研究的難度，也考驗研究人員對目標對象和主題的熱忱與耐心。然而，對於貓科痴迷的我，石虎和其他所有貓科動物一樣，不僅有著美麗的毛皮、深邃的眼神、優美的儀態，最重要的是沉著內蘊的個性讓人無法揣測。而這也吸引我追逐著石虎，一

● 石虎是貓科動物。

日復一日，一年復一年。

收集紅外線自動相機資料（二○○四年十月十日）

　　從越南的吉仙國家公園回來一陣子，把手邊急需處理的資料和事情大致完成後，應該到苗栗收資料了。這次的任務，主要是到苗栗縣通霄鎮的山林裡回收前兩個月架設的紅外線自動相機，同時，到相鄰地區尋找樣點，再架一台相機。這是第一次到苗栗地區架設相機，希望能拍到石虎，過去幾年在台灣很多地方架設相機都沒有收穫，不過，收集了被民眾救傷的石虎資料發現，多數受傷的石虎大多來自南投縣和苗栗縣，上次到苗栗訪談當地民眾，也是一位放山雞養雞場的阿伯告知他的養雞場附近有石虎。雖然，我是半信半疑的在他的養雞場附近架設了自動相機，這次北上仍是滿心期待。

　　如果問：「談到野生動物研究第一個印象是什麼？」可能很多人都會想到開著吉普車在無垠黃沙和點綴其中的綠洲中觀察各種草食動物的大遷徙，或是穿梭在熱帶叢林中撥開繁密的草莖，尋找動物的足印或排遺（俗稱便便），抑或是想像著如珍·古德博士，在非洲坦尚尼亞對黑猩猩的直接觀察與研究。當然，帶著望遠鏡安靜的觀察森林中各種鳥類的行為、聽著鳥鳴，並不時的在紙上振筆記錄，也會是躍入腦海的畫面。

然而，在台灣研究哺乳動物，尤其是研究食肉目動物的研究人員，很少能在野外直接肉眼觀察到研究的目標動物，即使是在白天活動或是體型稍大的哺乳動物，例如台灣獼猴或水鹿，也並非隨時可遇。為什麼呢？每種動物的原因不同，以我研究的石虎為例，石虎是獵捕鼠類、鳥類，甚至爬蟲類和昆蟲的掠食者，嗅覺、聽覺和視覺都很好，而且多數活動的時間都在夜間，想想研究人員白天在野外調查時，石虎大多在休息，能觀察到石虎的機會真的不多，尤其石虎的花紋在林間和長草叢內有極佳的掩蔽效果。而夜間，研究人員觀察得戴著頭燈在林間穿梭，無論是燈光、聲響，甚至人的氣味，都不斷暴露我們的位置，即使附近有石虎，也早就機警悄然的閃避，所以想要直接目擊，甚至觀察野外石虎行為的機會是微乎其微，因此，利用適合的調查工具就非常重要。工欲善其事，必先利其器，在科技與時俱進的今日，紅外線自動相機就是調查哺乳動物最基本、也相當有效率的工具和技術。

食肉目動物

食肉目動物是動物分類學上哺乳綱的一個目。絕大多數的食肉目動物在食性上，不同程度的以哺乳類動物、鳥類、兩棲爬蟲、昆蟲、魚蝦貝類等動物為食，因此，最大的特徵是大而尖銳的犬齒，以及特別發達的裂肉齒，一般熟悉的貓科、犬科和熊科動物都屬於食肉目動物。

一、架設自動相機捕捉石虎身影

　　出發前的行前準備工作非常重要，除了規畫行程和工作內容，還要準備調查器材。從屏東一路開車到苗栗，路途算遠，必須一早出發，因此，前一日就必須逐一檢查調查器材是否準備齊全，列出清單逐一勾選是萬無一失的作法。這次準備的東西包括兩大項：1. 野外基本配備：地圖、衛星定位儀、指北針、紀錄本、原子筆、一般相機、採樣用封口袋、鑷子、麥克筆和砍刀；2. 自動相機調查配備：紅外線自動相機設備、底片、電池、拭鏡布、刷子、電火布、鐵鎚、角鋼、螺絲、板手、試拍板和比例尺。另外，也要準備急救醫療藥品，在淺山環境研究最大的危險應該是蜂螫和蛇咬，主要防範方式還是活動時要小心謹慎，另外，低海拔山林的蚊蟲也容易引起研究人員的不適，頭巾、長袖和雨鞋（或登山鞋）是合適的服裝。

　　尋找架設自動相機的地點是非常有趣的工作，首先要先在地圖上大致了解要調查的區域，然後進行規畫，例如：多大的範圍要架設多少台相機？如何到達要去的地區？由於石虎主要生活在淺山環境，通常在鄉間道路開車或騎車抵達離預定地點最近的距離後，就開始徒步進入山林，這樣的淺山林地有別於原始森林，通常樹枝橫生交雜，地上草被茂密，前行不易，這時，砍刀就派上用場，一路上雖然稱不上披荊斬棘，但也夠我們氣喘吁吁的。沿路上除了清除障礙，還要眼觀

四面、耳聽八方的注意蜂、蛇動靜，並且注意腳下野生動物們的獸徑。

為了拍攝動物，自動相機當然是架在動物會使用的獸徑上，不過，不同的動物因為習性和行為的差異，偏好的獸徑也有不同。例如山羌和長鬃山羊這類偶蹄動物經常利用陡峭山坡，鼠類較常

利用地被植物較密的小獸徑，雖然也會利用大獸徑，但是大多橫越或沿著路徑邊緣有草遮蔽的地方活動。**而石虎恰好相反，他們喜歡利用地表較為乾淨，沒有太長、太雜的植被的明顯獸徑，或是很少人利用的廢棄步道，甚至有人砍過草的山徑。因為平時不易直接觀察到動物，藉由動物留下的痕跡、排遺和獸徑，以及自動相機在不同類型的獸徑所拍攝到的動物，都可以增加我們對於不同動物的行為和習性的了解**。沿路除了尋找石虎利用的獸徑架設紅外線自動相機，也要注意動物們遺留的痕跡，以石虎為例，主要就是排遺和腳印，有時運氣不錯也可以聞到動物留下的氣味，不過這些都需要經年累月的經驗累積。

中午過後來到苗栗縣通霄鎮，就直接到阿伯的養雞場打招呼，不過，沒有碰到阿伯，他應該已經回家吃飯了，所以逕自到養雞場附近的相機樣點回收相機底片，並且稍微整理現場環境，清除長草和倒

木，以維持獸徑的通暢。由於當時對於石虎的生態習性實在沒有任何經驗，相關的文獻紀錄也很稀少，所以不知道石虎會在稜線高點和獸徑交會處留下明顯的排遺，只能根據過往經驗沿路觀察是否能發現石虎排遺或腳印，因此，這次並未發現任何石虎留下的痕跡。

> **石虎用便便標示領域**
>
> 後續逐漸累積的資料和經驗顯示，石虎喜歡在明顯的獸徑、稜線或河床留下排遺，而且不用土掩蓋，許多食肉目動物都以此方式標示領域。

二、終於拍到石虎

　　山上工作結束後，就趕緊到通霄鎮上的照相館沖洗底片，因為這時候的紅外線自動相機還是底片式相機，利用等待沖洗照片的時間，又到相鄰地區尋找樣點，再架一台相機，傍晚時刻回到鎮上的照相館，心情其實是滿忐忑的。畢竟尋找了六年的石虎，再經歷一次的失望似乎是可能的，但還是抱持著一絲的期望，也許是這樣微小的期望，讓人有動力繼續堅持下去，也正是這樣一絲的期望，讓我看到了六年來的第一張石虎照片，一切的努力和等待都值得了！

　　仔細看著每張照片拍攝到的動物，我發現將近兩個月的時間內，石虎來了數次，如同養雞的阿伯說的，這裡是石虎經常活動的地點，呵呵，阿伯真的認得石虎啊！接下來拜訪山上的居民應該也可獲得石虎出沒的訊息。這次雖然只是個前期調查，沒有架設很多相機並

● 第一次拍到石虎。

● 疑似石虎腳印。

嚴謹而系統的調查，卻給我滿滿的動力與信心，之後將藉由一次次
的相機架設、資料收集、回到實驗室的資料分析，以及和當地居民
的訪談與互動，讓我慢慢對石虎的分布和生態習性，有初步的認識
與了解。

無線電追蹤（二○○七年五月十日～二○○七年五月十三日）

在沒有紅外線自動相機的年代，無線電追蹤是最有效、也最直
接能收集到野生動物在野外生活狀況的研究方法之一。即便是科技發
達的今日，紅外線自動相機能藉由高科技，在野外長時間收集動物出
現的紀錄。但是，仍然有其局限，畢竟**自動相機是被固定在定點拍攝
經過的動物，即使架設的地點是動物經常出沒的環境，仍舊無法追**

無線電追蹤

在野生動物身上安裝發報器，研究人員藉由接收器接收發報器發出的無線電
波，判別動物所在方位和活動，並利用三角定位法計算動物的位置和活動範
圍，利用這些資料可研究野生動物的生態習性和行為。通常研究人員會利用
適合材質，讓發報器在一段時間後就會脫落，不會永遠固定在動物身上。

蹤某隻特定動物的行蹤，例如某隻石虎喜歡在哪裡休息？什麼時候休息？什麼時候活動？到哪裡尋找獵物？每天活動多遠？

在低海拔淺山環境進行無線電追蹤工作其實並不難，所需要的設備也相當簡單，到山上進行研究時，砍刀、地圖、指北針和 GPS 定位儀是基本配備，而無線電追蹤器和定位天線則是無線電定位必須用到的器材。無線電追蹤工作最困難的應該是先要有追蹤的個體，我的追蹤對象──石虎，並不是容易捕捉的動物，通常要花費相當長的時間，利用陷阱籠和活餌誘捕，當石虎關在陷阱籠後，要盡快請獸醫師幫忙麻醉，然後進行個體的形值測量（體重、體長、尾長、掌長、頸圍、犬齒長……）、採血和疾病檢查的樣本採集，最重要的是要在石虎的頸部配戴一顆無線電發報器。

考量石虎的獵捕習性，發報器的重量要採取最嚴格的標準，也就是體重的 2% 以下，以減少對石虎獵捕獵物時活動力和靈敏度的影響，石虎的體重多為 3 ～ 5 公斤，因此，發報器的重量大約在 60 ～ 100 公克以下。另一個無線電追蹤工作的困難是人力的需求，相較於紅外線自動相機調查，無線電追蹤調查，無論是在最開始的追蹤個體捕捉、捕捉後的無線電追蹤，甚至後續的資料分析，都需要更多人力的投入。**雖然人力和經費所費不貲，但是收集到的資料能更「明確的」揭露「目標物種」的生態訊息。**

一、追蹤「阿樹」

　　這次預定要連續三天追蹤「阿樹」的整夜活動位置、移動路徑，以及二十四小時活動模式。因為要整夜追蹤定位，而且每小時定位一次，因此，需要兩組共四個人，輪流從下午五點到隔日上午六點收集阿樹的無線電訊號。石虎主要是夜間和晨昏活動，天黑前就要開始追蹤，所以，上午再次確認設備齊全後，一行四人就由屏東開車出發到苗栗的通霄鎮。阿樹是生活在通霄鎮楓樹里的成年雄性石虎，其實並非研究團隊捕捉到的個體，而是當地居民設置的捕獸夾捉到的，在獲知消息後，多次和捕獲到的居民溝通，終於說服他將阿樹交給我們。在二月三日由獸醫確認阿樹的健康狀況良好、四肢健全後，將阿樹帶到捕獲的地點附近野放，讓牠再次回到山林裡生活。所以，在這次追蹤定位以前，已經收集過一陣子阿樹的定位資料，這次到苗栗後，要先到之前收到過阿樹訊號的一些高點，利用高處的地理優勢先確認牠大約的位置，再到附近開始進行連續追蹤定位。

　　無線電定位利用的原理其實相當簡單，**想像石虎身上的發報器是一個不斷發出訊號的電台，研究人員配戴的接收器就如同汽車上的音響，打開車用音響開關，調好電台頻率，就可以接收到電台發出的電波所轉成的音頻。**收到訊號後，要進一步確定石虎位置，這時就得利用三角定位法，想像同時有兩個人，在不同位置接收同一隻石虎發

報器發出的訊號，利用 H 形天線和指北針可以判讀石虎訊號位在兩人各自的不同方位，利用 GPS 定位儀標定兩人在地圖上的位置，再標上各自與石虎方位角所得的兩條線，兩線交會的位置就是訊號的位置，也就是這隻石虎的位置。通常研究人員在野外主要是記錄收到訊號的地點座標、訊號角度、日期、時間、訊號強

弱、活動與否和天氣等資料，回到實驗室再進行後續的交會點資料和分析，不過，研究人員要在現場做初步資料研判，確定所收集到的訊息正確無誤，因為地形（例如山的阻擋會造成訊號折射）和一些當地的電子設備，例如電塔、引擎、馬達等，都會影響收訊的正確度。

石虎身上的發報器有個特殊裝置，偵測到發報器超過八小時都沒有動作時，會改變訊號頻度，提醒研究人員動物有異常，我通常稱為「死亡訊號」。因為不久之前，才剛有配戴發報器的石虎死亡，而收到這個令人心驚膽跳的訊號，最後找到疑似被毒死的石虎。因此，之後每次收無線電訊號，總是忐忑不安，深怕一開機便聽到快速而規律的「死亡訊號」，如果真的不幸收到，就得開始準備上山裝備，即使

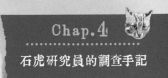

披荊斬棘也要抵達訊號發出的地點尋找發報器，確認是發報器脫落或是石虎死亡。

三、徹夜追逐石虎

當一組人開始定位後，另一組人就尋找合適的地點搭帳篷。因為，除了收集每個小時石虎所在的位置，還要收集石虎二十四小時的活動模式，也就是每十五分鐘收集一次石虎正在「休息」或「活動」的訊號，**因此，會盡量把帳篷搭在高處，比較容易收到訊號**。當石虎跑遠而無法收到訊號時，只好快速收拾裝備，換到能收到訊號的高點。

相較於深山的調查研究，在通霄這樣的淺山地區調查算是相當輕鬆，不僅可以就近到附近市鎮解決三餐，白天也可以輪流回到租屋基地洗澡補眠，即使是無線電追蹤，幾乎都是騎著機車或開車在產業道路上收訊號，因為淺山地區的山頭不高、道路系統發達，鄉間小路上就可以尋找到石虎身上的發報器所發射出來的訊號。只是，相較於母石虎，公石虎的活動力很強，活動範圍很大，經常一個晚上就可以跑2～4公里，也幸虧能靠著汽機車收訊號，否則根本追不上石虎的腳步，即使如此，每當石虎翻過山頭，經常就收不到訊號，只能憑著對當地地形和鄉間小路的熟悉度，盡可能在最短時間內找到訊號，並定位角度，也著實是跟時間賽跑了。雖說在淺山地區研究，體力上是比

較輕鬆，但是，炎熱的氣候和大量蚊蟲的攻擊，對許多習慣在深山做研究的研究人員來說，反而是苦不堪言。

　　白天除了輪值收二十四小時活動模式的研究人員，其他人就回到租屋基地洗澡補眠和補充裝備，準備晚上另一回合的挑戰。終於，三個晚上的連續定位追蹤，和兩個整日的二十四小時活動模式追蹤，在五月十三日上午告一段落，大夥回到租屋基地洗漱完畢稍做休息，初步整理這幾天收集到的資料後，就整裝返回屏東。雖然尚未進行詳細分析，但這次收集的資料令人驚訝，阿樹在短短的三個晚上，就從靠近通霄和銅鑼交界的保安林，不斷的往西邊的低海拔區域移動，中間僅有在一些地點短暫休息或逗留，大多數的活動位置都是每小時持續移動到不同地點，移動的速度都相當快。**可見雄性石虎的活動範圍很**

● 三角定位示意圖。

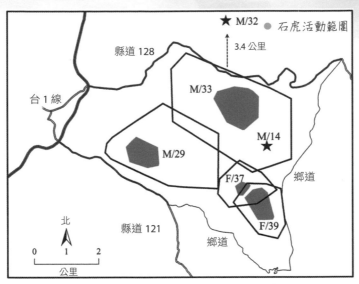

★ M/32　● 石虎活動範圍

縣道 128

台 1 線

3.4 公里

M/33

M/14

M/29

F/37

鄉道

縣道 121

F/39

鄉道

北

0　1　2
公里

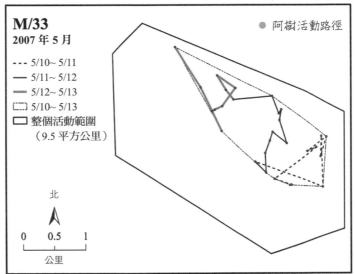

M/33
2007 年 5 月

● 阿樹活動路徑

--- 5/10～5/11
— 5/11～5/12
— 5/12～5/13
☐ 5/10～5/13
☐ 整個活動範圍
　（9.5 平方公里）

北

0　0.5　1
公里

● 根據後續資料的分析，得知阿樹（頻率代號 M/33）的活動範圍大約 9.5 平方公里，另一時期的另一隻公石虎（頻率代號 M/29）的活動範圍也有 6.5 平方公里，相較於體重較輕的雌性石虎（約雄性石虎體重的二分之一～三分之二），雄性石虎的活動範圍約雌性石虎（約 2 平方公里）的 3 ～ 4.5 倍。

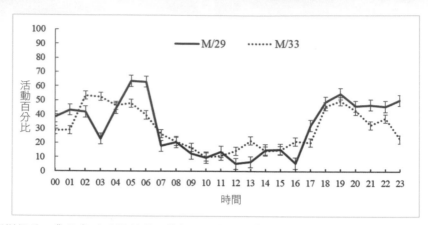

- 阿樹與另一隻公虎的活動頻率：發報器內有活動感應器，當動物休息，發報器訊號會維持固定頻率，通常一分鐘發出四十次響聲，研究人員透過接收器會聽到一分鐘四十次「嗶嗶」聲；當動物動作時，訊號則會有頻率變化，會聽到一分鐘超過四十次的聲音，因此可以判斷動物是在休息或活動。例如研究人員每隔五分鐘收集一次一分鐘的訊號，並判斷動物在活動或休息，然後一小時內收集十二次，計算這一個小時內活動的百分比，就是圖中每小時的活動百分比。從圖中可知石虎每日從下午四至五點開始有較高的活動頻率，然後逐漸升高且整夜都有活動，直到翌日清晨六至七點逐漸降低其活動頻率。

- 無線電追蹤。

大，並非單純是覓食的需求，更多是巡視領域的行為。而藉由這樣一次又一次的資料累積，每隻無線電追蹤個體的石虎，在棲息的環境內如何活動、領域多大、活動的路徑、活動模式、在怎樣的環境休息，就逐漸被勾勒出來。

小石虎野放訓練（二〇一五年十二月十八日）

今天要進行野放訓練的小石虎取名「阿嵐」，是希望牠能像山嵐一般在山上自在生活。阿嵐是在卓蘭鄰近大安溪的路邊發現的，在照養一段時間並評估後，決定進行軟式野放訓練，幫助牠回到野外生活。軟式野放訓練指的是利用漸進式的方式訓練動物，讓牠們能有野外覓食和適應野外生活的能力，增加牠們回到野外後存活下來的機會。一開始小石虎被圈養在山上搭建的臨時籠舍，訓練員每天到山上除了餵食，也要帶許多活的動物讓小石虎練習捕捉技巧，例如螽斯、蜥蜴、青蛙、小白鼠、小鵪鶉……，但是為了避免小石虎長大野放後到雞舍吃雞或鴨，絕對不會提供各種家禽作為訓練的獵物。之後，訓練員也要帶著小石虎到籠舍外活動，讓小石虎逐漸熟悉當地的地形、獸徑和各種動

野放訓練

野放訓練是確保動物在返回大自然後，具有找尋食物、躲避危險等必備生活技能，才能順利在野外靠自己存活。

物，同時練習捕捉野外的獵物。訓練員也藉由訓練過程觀察，並記錄小石虎在野外活動的各種行為和遇到其他動物時的反應，藉此判斷小石虎對當地動物與環境的熟悉度和獵捕能力，最後逐漸增加小石虎在野外獨自活動的時間，直到評估牠們可以完全獨立，野放訓練才算完成。

由於阿嵐已經在這裡（銅鑼山區）訓練將近四個月，對於訓練籠外許多訓練路線和環境都相當熟悉，也有滿多野外獵捕的經驗，在此之前，也已經讓牠陸陸續續在外面有許多獨自活動的時間，從原本的每次幾小時到每次二至三晚。今天是牠這次獨自活動的第三天，預定要去檢視牠的狀況，並帶牠回籠舍，所以要準備的器材包括無線電追蹤設備、砍刀、路標、阿嵐的備用食物、行動乾糧、水、雨衣、頭燈、GPS 定位儀、備用電池、紀錄本、相機、手機等。

一、找尋「阿嵐」

前天傍晚利用冰塊製造自動開門效果後，就讓牠獨自活動，雖然是讓牠獨自活動，我會**利用無線電追蹤設備，每隔幾小時或半天定位牠的位置，藉此知道牠在外面活動的路徑，同時判斷牠對周圍環境的了解和適應程度**。在每次的獨立訓練的最後，會利用無線電追蹤設備定位牠的位置，尋找牠，再根據牠的位置找尋適合路線帶回籠舍。**這時，不僅要觀察牠的身體和精神狀況，例如體態是否變瘦、是否有受**

傷、是否非常緊張等，帶牠回訓練籠的沿途，還要仔細觀察牠的行為，例如表現比較緊張、活動時緊跟著我走的路線，或到處嗅聞，就表示牠對這裡比較陌生，如果自己到處活動，甚至奔跑玩耍，就表示牠對這裡比較熟悉。

　　當然，沿路會遇到各種動物，經常是我還沒發現動物的動靜，就可以注意到牠有所反應，例如停下腳步、耳朵前後動作、注視某個方向，甚至會稍微仰頭用鼻子嗅聞空氣……，當牠分辨出對方是誰，就會有不同的行為反應。如果是獵物，牠會靜靜的、慢慢的跟隨聲音或氣味方向前進，順利的話，一小段時間後，就會聽到一段距離的地方出現動靜，如果不久後牠就返回，表示沒有捉到獵物；如果一段時間後才回來，這段期間發報器訊號都在同一位置，而且相當規律，偶爾有頻率變化，可能就是捕獵到獵物正在進食。當遇到山羌或藍腹鷴這類體型比牠大、但是對牠沒有威脅的動物，牠會視若無睹的經過，不過，也不會特意靠近。如果對方是食蟹獴或白鼻心這類食肉目動物，只要沒有太靠近，牠會稍微警戒，或是迴避一點距離。有時遇到的是鼬獾，甚至還會稍微追趕，只是不知道這是維護領域的行為，或是純粹的玩樂行為。印象中，有幾次牠非常緊張，而且出現馬上迴避到很遠的地方的行為，我猜想來者可能是石虎，只是夜間如果不是運氣好用頭燈直接照到動物，實在很難判斷對方是誰。

　　今天早上進行無線電定位後，確認阿嵐的位置離訓練籠舍很遠，

中間有些路線不是我熟悉的，所以要先到不熟悉的區域探勘路線，確定可行的路線，再到訓練籠舍將晚上要給牠的活鵪鶉預先留在籠舍後。再檢查一次裝備，就抵達早上定位到的地方，再次定位，確認阿嵐的位置後，慢慢進入林地尋找。訓練過程中，我會訓練阿嵐熟悉某種獨特聲音，算是我和牠的祕密通訊方式，通常當牠在離我幾十公尺的距離內聽到訊號，就會慢慢靠近，不過也有幾次因為山勢落差太大或地被植物太茂密，導致牠無法靠近，就只能繞道和牠會合。

今天大約中午前，在海拔約 610 公尺的果園邊的樹林裡找到牠，看來早上到中午都一直在這裡休息，果園算是個開墾後的平台地，樹林下方是滿陡峭的邊坡，以前應該是農墾地，現在已經荒廢，長滿了密密麻麻的芒草，阿嵐在陡峭邊坡的高處休息，更下方 100 公尺左右有一戶人家，家裡的狗相當機警，每當我和阿嵐（其實只有我）努力在茂密的植被中移動時，發出的聲音稍微大聲一點，就會引起這隻狗不斷吠叫，所以，在確認阿嵐身體沒有任何外傷，精神還不錯之後，我們就盡快離開，到更安全隱密的樹林裡，讓我能放心的觀察阿嵐的體態，也餵牠一些食物，同時做記錄。因為之後還要活動，所以先給阿嵐 130 公克的生牛肉，牠都吃掉了。牠看起來沒有變瘦，看來這兩天的獨自活動，應該有捉到獵物。由於一路回去的路途很遠，稍做休息之後，中午十二點多，我們就開始長達九個小時的回家（訓練籠舍）旅途。

二、跟著阿嵐回籠舍

　　阿嵐野放訓練的地區是很常見的淺山自然環境，除了有很大面積的竹林外，也交錯著竹闊混合林和零星小面積的農墾地，大多是果園，其間有一些山上人家生活使用的產業道路，但是很少有車輛經過。為了避免阿嵐習慣道路，我們還是都在林子裡活動，主要是沿著山稜或靠近山稜的邊坡走，這樣比較不會在山裡迷路。不過，中途有一段廢棄竹林，有很多倒竹不太好走，牠一度跑不見，最後發現牠走

● 阿嵐

峭壁，感覺廢棄竹林不利於石虎活動。

因為最開始的一大段路是之前沒有走過的路線，當走到太陡峭的地方時，阿嵐立馬展現石虎的靈敏度，即使相當陡峭的地形一點都難不倒牠，反而是我被困住了，只好回頭繞路而行。沿途注意到牠對這裡的路徑並不熟悉，沿路到處嗅聞，也不會跑太遠，不過，還是有幾次觀察到牠突然不見，似乎是去追捕獵物。有一次不見一小段時間，所以循著訊號過去找牠，發現牠的腳邊有一些羽毛，應該是捉了一隻鳥充飢。

就這樣走走停停，一直到天黑了還沒走到我們稍微熟悉的路徑，

● 阿嵐野放和棲息環境。

還好，翻過這個小山頭就是我們曾經走過有路標的路線。就在快到稜線上時，牠聽到動靜馬上衝過去，我還來不及思考發生什麼事，頭燈照到牠時，就看到牠的嘴上叼了一隻小型老鼠，看來打獵技巧還不錯。就在我想拿出相機拍照時，牠已經囫圇吞棗的吃掉老鼠，只能根據一些剩餘的尾部和匆匆一瞥的印象，判斷應該是隻田鼷鼠吧！

終於走到我們曾經進行訓練的路線，沿路上有做標示，因此，接下來的路比較輕鬆，阿嵐也似乎比較熟悉這段路，沿途會跑在我的前頭到附近活動，才在某處與我會合，藉此我也確定哪些區域是牠熟悉的範圍，也顯示牠獨自活動時曾到過這些地方。最後，終於在晚間

● 阿嵐野放訓練。

九點多抵達今天的終點站——訓練籠舍。回到籠舍後，阿嵐似乎也累了，看到籠舍內的活鵪鶉，先咬死後就留著，反而在棲架上開始理毛休息。而我偷偷的說聲晚安後就離去，因為還要走大約一個小時的山路回到早上找牠的地點開車，真是筋疲力竭的一天！雖然如此，但收穫豐碩，不僅觀察到阿嵐的獵捕能力不錯，也知道牠已經熟悉附近環境，同時，讓牠認識從更遠的地方回到籠舍的路徑。

調查研究需要眾人的合作與努力

　　說了這麼多石虎的觀察和研究經驗，最後一定要說的是，**哺乳動物調查需要團隊合作，無論是到野外架設相機尋找石虎出現的地點，或是只能有一人獨自與小石虎活動的野放訓練，尤其非常耗費人力的無線電追蹤；無論是事前的準備工作、調查研究當天的野外工作，以及收到野外資料後回到實驗室內的資料整理和分析，甚至寫報告，都需要許多人的合作努力才能完成。**這麼多年的石虎研究工作，每段時期都會有老師、朋友、學弟、學妹、志工的加入，甚至也有當地居民的熱情與善意協助。雖然，許多人在一段時間後會離去，有的人繼續往自己想研究的動物領域前進，有的人換了工作領域，也有志工斷斷續續的參與石虎或其他動物的調查研究，由於大家的合作與協助才能順利完成各項工作。每一個環節都有不同人

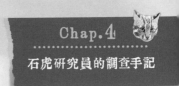
的努力,除了研究成果是原本期待的成果,人與人之間的相處與情誼則是意外的收穫!

　　誠實的說,每個工作都有其吸引人和困難之處,石虎研究的困難應該是族群數量稀少和生態習性導致資料蒐集不易,當然,幾乎無法親眼看到研究的動物,也是石虎研究容易讓人沮喪甚至卻步的原因之一。幾乎所有的石虎野外調查都是在蒐集資料,而沒有親眼目睹時的興奮與激動,往往要等到回實驗室進一步分析資料,並慢慢理出資料紋理和歸納出結果,慢慢勾勒出石虎的生態習性和行為時,才能有石虎影像的投影,因此「耐心」就是石虎研究的不二法門,而這樣一連串的努力,經歷當中所有的期待,甚至失敗,才能有所收穫,如同貓科動物在捕捉獵物前需要熟練的獵捕技巧、等待獵物時的蟄伏,以及衝向獵物的瞬時決斷與爆發力,才會有致命的一擊,這似乎也正是石虎研究吸引我的最大原因。

Go 觀察石虎，我要這樣做

1. 追蹤石虎的腳印與排遺，找尋活動的蹤跡。

2. 在石虎可能出沒的地點，裝設紅外線自動相機來拍攝影像。

3. 野放的石虎身上裝有無線發報器，利用接收器來得知石虎的位置，藉此了解石虎的活動情形與範圍。

4. 石虎通常晚上活動較為活躍，要徹夜追蹤石虎無線電訊號，有時還要騎著車翻山越嶺。

5. 進行野放訓練的石虎，要觀察牠的各種狀態，評估是否可以獨立生活。

6. 穿梭在樹林中追蹤石虎，必要時用砍刀劈開濃密樹叢繼續跟著石虎往前行。

7. 低海拔山區蚊蟲多，各種防蟲防蛇裝備要齊全。

石虎調查配備

1. 無線電、地圖、GPS 定位儀、指北針：用無線電記錄石虎活動，並搭配地圖、衛星定位儀及指北針等，找到石虎的位置。

2. 紅外線自動相機、相機：拍照記錄石虎活動。

3. 採樣用封口袋、鑷子：採集石虎的排遺等，帶回去研究。

4. 頭燈、砍刀：頭燈夜間追蹤時用來照明用。砍刀可除去擋路的樹枝及草。

5. 長袖、頭巾、雨鞋、簡易藥物：避免蚊蟲及蛇攻擊。藥物以備不時之需。

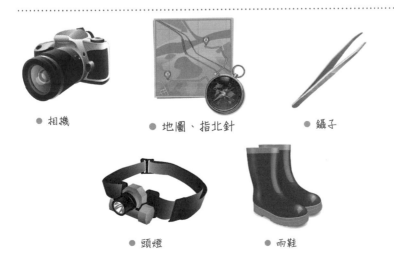

● 相機　　　　● 地圖、指北針　　　　● 鑷子

● 頭燈　　　　● 雨鞋

🔭 我是動物學家　陳美汀

　　現任台灣石虎保育協會理事長。名符其實的貓痴，熱愛貓科動物，致力於石虎生態研究和保育工作。自一九九八年開始尋找石虎，在二〇〇四年記錄到研究生涯中第一筆石虎的野外紀錄，也是台灣第一位以石虎生態為博士論文的研究者。二〇一二年開始陸續進行多隻孤兒石虎的軟式野放訓練，憑藉自幼與貓相處，和多年在台北市立木柵動物園、屏東科技大學保育類野生動物收容中心的野生貓科照養經驗，以及野外生態的專業背景，建立石虎野放的完整程序和成功案例。

　　進行研究的過程中，體認到石虎面臨許多生存危機，開始致力於在地社區參與石虎保育和友善石虎農作──石虎米的推動，並且在二〇一七年與多位關心石虎的夥伴成立「台灣石虎保育協會」，希望集合民間群眾的力量，一起保護台灣的石虎和其生存的淺山環境，同時保護淺山環境的其他野生動物，並且和人類和平共存。

延伸書單

- 希臘狂想曲 。傑洛德・杜瑞爾 著。唐嘉慧 譯。野人，2018。
- 行李箱裡的野獸們：誕生於英國澤西島的保育奇蹟。傑洛德・杜瑞爾 著。唐嘉慧 譯。木馬文化，2020。
- 繽紛的生命：造訪基因庫的燦爛國度。威爾森 著。金恆鑣 譯。天下文化，1997。
- 愛與幸福的動物園：來看旭山動物園奇蹟 。原子禪、龜畑清隆 著。黃友玫 譯。漫遊者文化，2009。
- 別讓世界只剩下動物園：我在非洲野生動物保育現場。上田莉棋 著。啟動文化，2018。

Chapter

半神祕動物
海龜夜間行為觀察

程一駿

國立台灣海洋大學海洋生物研究所 教授

一般所謂的野外生態調查，是指到一個平常不會去的地方進行調查，這些地方都是較為荒僻、人煙稀少之處，因此才成為野生動物的天堂。換句話說，這些地方的特色是：交通不太方便，資源不是缺乏就是供應不順，居住條件從普通到很差。更重要的是，動物的行為不好掌控，多半要靠經驗加以推斷，撲空更是家常便飯，甚至為了抓住動物出沒的那一瞬間，夜宿荒郊野外也是常有的事。這和我們日常吃住和交通都很容易解決，生活品質在一定條件之上有很大的不同。加上許多電視媒體，像是「探索頻道」的美化報導，常常給人們一個又愛又怕的憧憬，反而成為具有一定吸引力的活動。

　　長期的野外生態調查，就是對物種或是環境做長年性及一定方式的調查，所謂的長年不是指三到五年，而是指二十到五十年，甚至超

◉ 小琉球近海海龜。

過百年，固定調查某些變化，像是氣溫、每年的動物數量等。這些變化對長期環境和物種變化的了解，有很大的幫助。像是長期溫度的變化，可以了解全球暖化現象，記錄物種數量的增加或是減少，就能了解這個物種是否能存活下去。最明顯的例子是，英國在往返英法間的渡輪上，裝置了收集器，探索百年來，英吉利海峽中浮游動物的變化，並證實了全球暖化對海洋生態的影響！但這類每年都得重複做的事，對於必須生活在不太舒服環境中的人而言，在耐力及意志上，都是一種考驗！要有足夠的興趣與清楚的目標，才能持續下去。在某些層面上，長期生態調查就像看一部影集，一直做下去，就會希望看到最後的結果，是美好的結局，還是悲傷的哀悼，而**身歷其境的經驗，能帶來深刻的了解及認知，到底我們對大自然做過了什麼不好的事，**

以及如何改進才不會自食惡果。

海龜是夜行性動物嗎？

　　一般人對海龜的印象是半夜時會上岸產卵，所以觀念上以為是晚上才出現的動物。**但海龜不是夜行性動物**，只是因為夜間的活動較容易搏取版面，所以才會有夜間活動的刻板印象。但不可諱言的是，在所有海龜調查中，母龜夜晚上岸產卵，的確是一項有意義、有趣，但十分辛苦的工作。

　　海龜是野生動物，行為不受大自然環境的影響，通常要做什麼就做什麼，為了要了解牠，我們就必須在任何辦得到的條件下，進行野外觀察和記錄；不論是刮風、下雨，還是晴天，只要時間一到，就要上沙灘工作，常常披星戴月的出門，第二天旭日東昇後才回來休息！

　　記得剛開始時，我們還不熟悉這份工作，所以僱請當地一位長工幫忙。他肯幫忙的理由，是因為在我們僱用他前，他是一個常常殺狗、殺貓、晚上在沙灘挖掘龜卵，

海龜上岸產卵地

澎湖群島、蘭嶼島、台灣東部等地的沙灘，都有海龜上岸產卵的紀錄。但因人為開發、光害等，干擾海龜產卵活動，為了保護瀕臨絕種的海龜，澎湖縣望安島沙灘已劃設為野生動物保護區。

帶回家孵化，再賣到市場上牟利的動物殺手，有時甚至為了搶龜卵，不惜和其他挖龜卵的人在沙灘上大打出手！聽說他還因賣小海龜賺了不少錢，在台中置產。後來得了一場大病，到廟裡拜拜，發誓說如果病好，就不再殺生，也不再挖龜卵。結果病真的好了，那時我們剛開始在澎湖縣望安島的海龜工作，就在鄉長的介紹下，開始了他的保護海龜工作，也教了我們不少在沙灘工作的訣竅。

進出沙灘為海龜

剛開始，因為不熟悉工作內容，入夜後就很緊張的等那位長工——老艾，或是時間一到，就去他家找他。過一段時間後，野外經驗增加，加上閱讀國外相關文獻得知，海龜最常在高潮前兩小時上岸產卵，所以就改變了策略：跟著潮汐走。每晚從入夜起，計算高潮的時間點，往前推算兩到三小時，就是出門上沙灘的時間，披星戴月的巡灘，是我們每晚的寫照。同時，因為望安島的沙灘很大且距離很遠，所以我們招募了一批志工一起巡視沙灘。因此每晚同一時間，會有很多輛摩托車同時離開工作站。這看起來很簡單，但長期做下來卻不容易，因為高潮時間是每天滿潮時間延後五十分鐘，所以出門時間也會往後延。如果是晚上七點出門的話，的確是有可能當晚十二點收工，還可以正常睡覺。但如果是半夜兩點才要出門

的話，通常會先睡一下，等時間到了再起床，這是很痛苦的經驗，因為澎湖縣望安島夏天很炎熱，一天中最舒服也最好睡的時間就是半夜一、兩點，這時也是要著裝上沙灘的時候，光是起床就要掙扎一下，等到巡完灘回到工作站時，已是早上六、七點，太陽正升起，當正要入眠時，室內氣溫已高達 36 ～ 37°C，常常過了十點，就會熱到滿身是汗，只有起床的份了！在另一個島——蘭嶼島上，因為海龜的產卵節奏不一樣，因此巡灘的方式改成每兩小時一次，所以要等到你巡灘時才起床，有人乾脆就等到巡完灘，梳洗完畢才去睡。由於該島的巡灘方式是從晚上七點，每兩小時一班，巡到早上三點半，所以等到工作結束後，會先吃早餐再回來梳洗，通常倒下去補眠時，早就「日上三竿」了！不然就必須有足夠的自制力，巡灘時間到，就要起床，或是由同一組人，將她（他）搖醒。我就遇過一個很有趣的經驗，一天夜裡，本要叫醒一個輪三點鐘巡灘的學生，但因她太累，緊握著剛喝完的馬克杯，就倒在地上睡著了，實在不忍叫醒她，只有替她巡灘！

　　除非當晚有颱風，通常巡灘是風雨無阻的，這是耐力上的考驗，因為出門一次最短是一到兩小時，在望安島上，就得在沙灘上等候兩到四小時，若是有龜上岸產卵，就要待上更長的時間。晴天有風很舒服，當大自然為你撫去白天的燥熱及煩人的蚊子時，眺望遠方的離島夜燈、海上的漁火、聽著海浪拍打沙灘的聲音，在滿天星斗的無語蒼

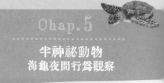
空下，海上的天籟之音，著實令人心曠神怡，那時就深刻的體會到：
「凡事明天再說吧，此時我只想沉醉在大自然的樂章中！」我就遇過
台視的兩位記者，本想採訪一天就回公司，就因為著迷這大自然的情
境，決定多請一天假，放鬆工作上的壓力！

　　但若當晚沒風，沙灘上可是蚊子大軍到處找尋穿短褲、T恤的獵
物，巡灘就成為一件苦差事，所有的浪漫都變成一種考驗，巡灘變成
了「防蚊大作戰」，防蚊液出門前要塗抹好，還要隨身帶至沙灘，以
備不時之需！如果遇到變天，沙灘上常常飛沙走石，頂風而行，不但
寸步難行，且遇到成群沙粒的腿部「按摩」時，更是個難忘的經驗！
巡灘時遇到下雨就得穿雨衣，海龜產卵時，就要在雨中工作。此時，
雨衣內的泥沙按摩，的確是去皮膚角質的好工具！沒龜時就要在沙灘
上找個地方避雨，望安島上，以前海防部隊留下的碉堡，便成了最好
的避雨處。談到碉堡，還鬧了一個笑話，有一年大陸海龜保護區來了
一位交換學者，他一直打聽這些碉堡的功能、駐軍……，弄得學生啼
笑皆非，因為所有的碉堡，早就被沙石淹沒了一半以上，連海防部隊
早就換成不巡沙灘的海巡人員，哪來的軍事功能！

海龜終於上岸

　　海龜除了產卵外，終其一生都在海上度過。上岸產卵是因為海龜

是由淡水龜演化而來。淡水龜的特色是：會在河流邊的沙灘上找尋其產卵地。而海龜就繼承這個特性，在沙灘上傳宗接代！海龜雖是全球最大的海洋爬蟲動物——成熟時體長長達近 1 公尺，體重也在 100 公斤上下，但因為沒有牙齒，沒有在陸地上可以奔跑的四肢，龐大的身

軀只能在沙灘上慢慢的爬，這讓牠們成為害羞的巨人。公龜不上岸，所以**夜晚爬上沙灘的都是產卵的母龜**。因不具攻擊性，又很容易在沙灘上發現其芳蹤，所以很怕受到攻擊，因此不會在大白天上岸產卵，而是選擇夜晚人煙罕至的沙灘，找尋其產卵地。牠在**上岸前會先在近岸的水中徘徊，找尋沒有燈光的安全上岸地點。此時，母龜的敏感度很高，任何會讓牠受到驚嚇的動作，像是手電筒和路燈照射、人或是動物經過等，都會讓牠立即游出外海**，等過一段時間（幾個小時，甚至是過一、兩天），才會再回來找尋適合上岸產卵的地點。

因為海龜害羞的個性，所以雖然會攜帶手電筒，但巡灘時是不用的！有人認為夜晚不用照明設備看不見路，事實上，海邊因有星光、月光，甚至是遠方的漁火及島嶼投射來的燈光，都讓沙灘不會黑到伸手不見五指，過一段時間習慣後，反而會像貓狗在夜裡一樣，能辨

● 海龜上岸留下的爬痕。

識周遭一切，甚至在滿月的夜晚，走在沙灘上，會懷疑是否天已經亮了！因此並不需要任何照明設備，依然能快速的通過沙灘。此外，走沙灘也是一種體力與耐力的訓練，長走下來，在沙灘上居然也能如履平地！

海龜確定沙灘上沒有威脅的動物或是人類出現後，就會爬出水面，爬過第一個頂坡，並在長草的沙灘上找尋產卵地。此時，海龜對周遭的敏感度還是很高，任何人出現在牠的視線範圍內，牠都會因受到驚嚇而返回大海，因此我們巡灘時，盡量沿著水邊而行，減少被牠發現的機率。然而，海龜上岸後會在沙灘上留下像坦克履帶般的爬痕，遠遠就看得到，或是在爬出水面時，龜背會特別亮，只要停下腳步仔細觀察，發現這塊「發亮的圓石頭」會往岸上爬，就確定是產卵的母龜了。這時就要在遠方，沿著水邊找尋牠上岸後的芳蹤，或是設法退後到牠的視線範圍之外，安靜的用目光追蹤牠的去向。如果很不幸的距離牠太近，就要站著不動，讓牠認為我們是沙灘上不具威脅的大石頭。若是巡灘時突然遇到母龜爬出水面，此時最好的作法是，繼續往前走一段距離，再回頭找尋其芳蹤。希望海龜認為我們沒有看到牠，就會安心的上岸了。

▶ 海龜開始挖洞準備產卵

海龜會在沙灘上長草之處找尋產卵地，是有很聰明的理由：因為海浪會將沙灘上的沙子帶走或是堆積，蘭嶼島上在一次颱風之後，刮走近 1 公尺深的沙子，三年後才再堆積回來。在「會滾動的石頭上不長青苔」的道理下，沙灘上光禿一片，只有在沙灘後方，海浪沖刷不到的地方，像是馬鞍藤類的沙灘蔓藤植物，才會生長，母龜就會在沙灘上較穩定的地方，找尋其產卵地，但也有母龜上岸後爬了一圈就下海的紀錄，好像在試探這片沙灘是否合適產卵一樣。

母龜爬行一段時間後，會選擇合適的地點，用前肢挖掘一個約20～30 公分深的體洞，或是「大洞」。最初有人說，沙灘因為空曠，容易被天敵或人類發現，所以要挖個大洞，好藏起行蹤，但母龜是在原地用前肢往上拋沙，常常高達半公尺，遠遠就看得很清楚，就像是在招呼大家：「我在這裡啊！」牠做這件事的目的為何？後來的研究證實，沙灘上除了沙粒外，還有許多石頭、木頭等，這些都會妨礙爬出卵窩小海龜的下海，因此母龜實際上是在清理場地！母龜在這個階段敏感度仍高，還不適合接近，只能依靠拋沙的方向，判斷母龜的頭所在位置，這樣接近牠時，才不會和牠四目相對而嚇到牠。母龜挖大洞快則十幾分鐘，慢則花上數個小時，最常見的情形是母龜挖一挖，遇到沙層太淺、有大石頭、樹根而挖不下去，或是沒有任何理由，就

會放棄挖洞而另覓他處，繼續挖體洞，或是直接下海，等幾小時或是一、兩天後再上岸找尋產卵地。我們就遇過一頭母龜整晚八個小時，在沙灘上挖了十二個洞，沒有產下任何卵，就從沙灘的另一端下海而去。也發生過母龜上岸後，爬過一個小山，從山的另一邊下海，學生守了一整夜，在天亮後，才在山後的沙灘上，找到牠下海的爬痕！

通常母龜挖完體洞後，便改用後肢挖掘一個甕型的產卵洞，或稱為小洞。海龜用後肢挖洞時，很像人類用花鏟挖洞一樣，一勺一勺的將挖出的沙子向兩側拋出。很難想像的是，母龜前肢很長，但只挖出 20～30 公分深的體洞，其後肢很短，卻能挖出深達 70～80 公分深的產卵洞！因為後肢短小，所以母龜挖洞時，通常會弓起身子，用力的往下挖，時間從半小時到數小時不等，有時累了，母龜會喘口氣休息一下，靠近時，甚至還會聽到牠喘氣的聲音！母龜這時因專心工作，且通常頭朝樹林，對周遭事物較不敏感，此時是我們可以接近母龜的機會。通常會訓練學生用匍匐前進的方式，悄悄的爬到母龜後方，在母龜察覺不到的情形下，觀察牠的挖洞行為，及確定母龜何時產下第一顆龜卵。

✒ 終於可以靠近海龜

母龜順利挖好產卵洞後，會花上十到十五分鐘產下約一百粒的龜

卵。此時，母龜因賀爾蒙的改變，而進入睡眠狀態，對周遭也最不敏感。我有一個學生介紹這個行為時說：「媽媽生你時會很痛，龜媽媽產卵時也很痛，就會分泌腦嗎啡來止痛。」聽來實在令人啼笑皆非！不過此時也最吸引遊客的目光，不論是散客或是團客，上沙灘的目的就是要看到「海龜下蛋」，這時我們會疏導遊客，在不驚擾海龜產卵的前提下，滿足大家的期望，原因是如果母龜一旦被吵醒，就會立即停止所有產卵行為，馬上回大海，何時再回來就變成未知數，甚至可能不再回來產卵！所以我們會嚴格限制所有人都在龜的後方活動，或是做一些不會吵醒牠的動作，像是量測海龜的體長，記錄牠後肢上的標號，及在卵窩中投下確定卵窩位置的長尼龍繩投標器等。

　　母龜產完卵後就會逐漸醒來，同時開始用後肢覆沙，將卵洞蓋起來，此時也是我們為母龜釘上身分標記的最好時間。母龜的標記分成兩種，一種是在四肢上的鈦合金標記，另一種是在後肢的鱗片下方注射寵物用的晶片標記，晶片標是打在前、後肢的邊緣鱗片下方，而鈦合金標是釘在體肢的末端。雖然海龜的末梢神經較不發達，但對於這種刺激還是會有直接性的反應。此

母龜產卵觀測工作

1. 量測記錄海龜身體長度。

2. 記錄海龜後肢身分標記。

3. 在卵窩中投下尼龍繩投標器：定位卵窩位置，以利後續尋找。

4. 釘上身分標記：打入鈦合金與晶片兩種標記，用來辨識，並且追蹤海龜去向。

時，就要發揮「快、狠、準」的精神，在母龜還沒有完全醒來前，將所有的工作一氣呵成！再來就是漫長的等待。

　　母龜用後肢將產卵洞填起來約需十幾分鐘，之後改用前肢挖沙，和產卵前不一樣的是，產卵前是在原地挖沙，而現在是一面往前爬，一面挖沙，所以沙子會往後拋並蓋在卵窩上，最後在地面上留下約 1.5 公尺，像新月般的土堆。這是一份很辛苦的工作，那母龜為什麼這樣做？有人說因為母龜不會照顧孵化中的小龜，所以會

● 東澳人造衛星追蹤：為了了解遭到漁網誤捕的海龜，放回大海後的去向，因此裝上人造衛星發報器，追蹤其海上行蹤。

堆出寬廣的土堆，讓天敵找不到卵窩所在。但事實上是因為沙層中**有很多空隙，其中的空氣是最好的絕熱體，這樣就能降低沙灘上的日夜溫差，當卵窩接近 1 公尺深時，溫度及溼度接近恆定，一百粒的龜卵便在同一溫度與溼度的環境中孵化，**這是不照顧龜卵的媽媽，留給寶寶的「禮物」！

測量龜卵

母龜在覆沙過程中，不但會恢復其敏感度，且用前肢拋沙的力量也大，拋出的沙子量也多，時間也會長達一、兩小時，所以大家通常在遠處休息，以免遭到沙子強力洗頭或是洗身子的待遇。等到母龜認為盡到做母親的責任後，便會拖著疲憊的身軀爬向大海。當海龜爬出 10 公尺的範圍後，我們的另一項任務：挖掘卵窩的工作便要開始。之前提到的**尼龍繩投標器，就是因為剛開始研究時，無法確定卵窩所在，才使用這個器材，讓研究人員循著留在沙灘上的尼龍繩，找到卵窩。沿著尼龍繩往下挖到沙子變軟時，就知道快**

龜卵觀測工作

1. 挖卵窩：將卵窩中的龜卵取出一一測量直徑、重量及數量後，再重新埋回。

2. 移卵工作：若環境不適宜，將卵搬至別處，挖洞埋入沙中孵化。

3. 防範措施：移卵工作時，要設立防護網，防止蛇闖入卵窩中。

● 沙灘上計算、測量龜卵。

挖到卵窩了！通常卵窩深度在 70～90 公分，但也有超過 1 公尺深，此時整個人至少頭都會埋在沙坑裡，有時甚至需要有人坐在腿上，以免滑進洞中！看到白色的龜卵後，通常不戴手套將龜卵挖出，因為人的手相當敏感，龜卵會黏在一起，需要靠手的敏感度來分開，才不會捏破龜卵。清空卵窩後，就要量測龜卵直徑及重量，並在計算總龜卵數後，重新埋回卵窩。若因為太接近海邊怕被浪捲走、卵窩過度密集，可能會被後來的母龜挖出等問題，須將整窩龜卵移到其他適合的地方孵化。龜卵移位是一項不小的工作，一粒龜卵平均 50 公克重，整窩約一百粒，就將近 5 公斤，移位時，通常會將龜卵由同一沙灘的一端搬到另一端，或是搬到另一沙灘上，再挖個相等深度的洞（70～100 公分深）埋下去，等於提著 5 公斤的重物，在沙灘上行走近半小時或是更長的時間，由於怕撞破龜卵，所以會小心提著袋子，這是訓練臂力的好機會。在龜卵移位中，以蘭嶼島最奇特。

　　在蘭嶼島上，多數母龜會集中在很小的沙灘上產卵，因此所有的卵窩都需要搬到另一沙灘去孵化，才不會造成孵化中的龜卵，被後上

岸的母龜挖掘出來。所以，在母龜下海後，我們會挖出所有的龜卵，跨過島的中央山脈，到山的另一邊，埋在另一個沙灘中。然而，龜卵在這個島上最大的天敵是赤背松柏根，牠是會掘洞的蛇，在母龜返回大海後，牠會

> **赤背松柏根**
>
> 赤背松柏根是小型無毒蛇類，最喜歡吃蛋。吃蛋時用牙齒劃破蛋殼，直接吸食，不吞下整顆蛋。

在沙灘上找尋卵窩，一旦確定卵窩位置後，便在附近挖洞鑽進卵窩，開吃「龜卵大餐」。為了防止蛇狂吃龜卵，在埋入龜卵時設計了兩道防禦機制，第一道是在沙灘上挖一個深約 1 公尺的洞，放入一個直徑 1 公尺，底部切掉的大圓桶，內部放塑膠網，防止蛇鑽入。同時為了防止蛇聞到龜卵的味道，另準備一只小的、底部切掉之塑膠桶，將龜卵放入小桶中，並在大、小桶間填滿沙子，將兩只塑膠桶抽出，再將塑膠網的頂部縫起來，便完成了防蛇網裝置。

小海龜孵化了

經過五十到六十天後，小海龜孵化了。通常我們會在預定孵化的前五到七天在卵窩周圍架設圍網，留住小海龜以便量測其體長和體重，這時幾乎是一日看數回，確定小海龜爬出卵窩的時間。通常小海龜要爬出卵窩時，卵窩頂層會出現一個淺淺的凹洞，這是因為龜卵在

同一環境中孵化，會在同一時間內孵出，並用嘴尖的硬點撕破卵皮爬出。此時卵窩中多了空卵皮，增加許多空隙，沙層很鬆散，上方的沙子會崩塌，表層就出現一個淺淺的凹洞，此時代表再三到七天，小海龜就要爬出卵窩下海了！

小海龜不會在大白天爬出卵窩，最早在半夜時，才會爬出卵窩，原因不僅是白天氣溫高，小海龜會被晒死，天敵也多，這時爬出來幾乎是穩死無疑。半夜爬出卵窩，不但天敵少，氣溫也在最適合小海龜活動的範圍內，這裡所謂的半夜是指晚上十二點鐘到天亮之間。所以圍網後，幾乎晚上每一班巡灘，都會至少「探班」一次，必要時還得每小時看一次，以確定小海龜何時爬出卵窩。

● 量測小海龜。

　　小海龜爬出後，我們會盡速將小海龜放進釣魚用的塑膠冰箱中，帶回工作站或是在附近較平坦的沙灘上，量測每頭小海龜的體長及體重。**由於孵化的條件差不多，所以多數，甚至是整窩的小海龜，會在同一時間爬出卵窩，因此剛開始時是一、兩隻爬出，再來是三十、五十，甚至是整窩的「大出」，此時量測小海龜的工作就會忙碌不已。**

　　研究人員通常會再等上三到七天，在傍晚開挖卵窩，此時大部分的小海龜已經下海而去，開挖卵窩除了記錄其他重要的資料，像是卵窩深度外，更重要的是拯救爬不出卵窩的小海龜，以及計算沒有孵化的龜卵、孵化但死在卵皮中的小龜，以及爬出卵皮但活不下去的小海龜。**卵窩中會有一定程度的屍臭味，所以開挖時，順著鬆軟的沙子往下挖，當傳來一陣屍臭味時，就知道快挖到卵窩了！清空卵窩後，會**

● 觀察海龜的工作時常到天亮。

檢查沒能爬出卵窩的小海龜健康狀況,是否有畸形等,同時計數各種狀況下死亡的小海龜數量,至於沒有孵化的龜卵,則需忍耐異味,將龜卵撕開,檢查是否已經受精。在做完這些工作後,將死亡的個體埋回卵窩中,以增加沙灘養分,活的小海龜則帶回工作站,等到腹部的卵黃吸收差不多時,在晚間巡灘時,再將牠們野放回大海。

野外群體生活,人生成長的體驗

野外生態研究因工作需要,大夥必須一起吃、一起住兩個多月。尤其野外工作需要許多志工,在短期的招募後,萍水相逢的人就須在同一屋簷下,一起生活兩個月,雖說每個人都得自己照顧自己的生活,但因需輪值一週,煮晚餐、清掃,又要一起上沙灘工作,整個暑假下來,不但能訓練獨立生活,更重要的是培養良好的 EQ,日子才能過得愉快。尤其在住宿不理想的環境中,像是僅能住八人的房子,塞了十三人及個人行李……,大家所面臨的生活問題都不小,更要一起解決生活問題、一起克服工作上的困境、一起打發無聊的時光、一起遊山玩水……,因此當暑假結束後,就像經歷兩個月的人生成長營一樣,不但思想會比較成熟,整個工作團隊也產生革命情感。在人生中留下深刻的印象,和難以磨滅的經歷。我們就曾經遇過志工在結束的第二、三年後,仍然回到工作站,待上一星期幫忙巡灘及回憶吃大

● 人造衛星安裝完後的團體照。

鍋飯的日子。我們也在蘭嶼沙灘上，遇到過去的志工，坐在沙灘回憶過去打拚的時光！

　　長期野生動物的調查，不僅訓練成熟的個性，且還能鍛鍊耐性及開朗的性情。由於環境多變，常常發生不順意的事，抱著希望及耐性以對，問題就會迎刃而解，也能讓人從長遠角度看事情。這種工作通常要帶有使命感才做得下去，當工作超過二十年，獲得一些成績時，就會像八〇年代民歌「蘭花草」中的歌詞一樣，照顧蘭花很久後，終得「滿庭花簇簇，添得許多香」的欣慰感！

觀察海龜，我要這樣做

1. 事先了解海龜的習性及可能的上岸時間和地點。

2. 不論白天、晚上、颱風、下雨，每天都一定要輪班巡視沙灘。

3. 海龜夜間才會上岸產卵，必須日夜顛倒，徹夜工作，到了白天才能補眠。

4. 透過反光的龜殼，或是爬上岸時留下的爬痕，找到海龜。

5. 注意不要讓手電筒的光或聲響驚擾到海龜。

6. 安靜觀察海龜挖洞行為，等到海龜開始產卵時，才靠近並開始進行量測工作。

7. 所有動作一定要又快又細心，及時完成龜卵或是小海龜相關的量測與其他工作。

8. 海灘上蚊子多，要有被蚊子大軍糾纏的心理準備。

海龜調查配備

1. 手電筒：夜間出入海灘，手電筒可以提供照明。

....

2. 量尺等測量用工具：量尺測量海龜體長、龜卵直徑等，也要計算龜卵與小海龜數量，以及量測重量。

....

3. 寵物用晶片及鈦合金標記：打晶片以及釘上鈦合金標記，作為辨識身分之用。

....

4. 防蚊液、雨衣：沙灘上蚊子很多，防蚊液是必備之物；下雨時還是要穿著雨衣繼續工作。

....

● 量尺　　　　　● 雨衣　　　　　● 手電筒

🔭 我是動物學家　程一駿

　　國立台灣海洋大學海洋生物研究所榮譽教授。我大學讀的是海洋大學漁業，研究所就讀美國紐約州立大學海洋系，碩、博士及博士後做的都是棲生態學研究。剛回台灣時仍以實驗室的理論生態為主，根本不知道海龜是什麼，後來因緣際會收了一位做海龜研究，但沒有老師指導的學生，就這樣開啟了海龜研究之門。當時風景區管理處在研究的沙灘上構築步道，引起環評團體的抗議，我國也因保育不力，遭到美方的制裁報復。在大環境的氛圍下，海龜研究成為國內野生動物保育的焦點，也開始有學生不斷投入研究行列，使得海龜生態逐漸變成研究主力，研究方向也改為由長期生態調查方向著手。一個災難性的破壞，讓我走上了一條不歸路。

延伸書單

- 繽紛的生命，造訪基因庫的燦爛國度。威爾森 著。金恆鑣 譯。天下文化，1997。
- 第六次大滅絕：不自然的歷史。伊麗莎白・寇伯特 著。黃靜雅 譯。天下文化，2018。
- 所羅門王的指環：與蟲魚鳥獸親密對話。康拉德・勞倫茲 著。游復熙、季光容 譯。天下文化，2019。
- 大自然在唱歌。西格德・奧爾森 著。李永平 譯。先覺，1999。
- 貓為什麼是獨行俠？：動物的演化與行為。程一駿 編。台灣商務，2012 年。

看了五位專家的動物觀察日誌,現在開始你自己的生態觀察吧!
體驗觀察樂趣,並開始透過觀察,認識了解各種動物。

第一關 「啾啾啾」鳥鄰居偵查行動

※ 觀察時請注意安全,並請大人陪同 ※

你是不是常常只聞鳥聲,卻不見鳥影呢?現在,我們來好好調查這些啾啾叫的鳥鄰居。請選定校園、公園,或是家附近有鳥出沒的地方,開始你的調查工作吧!

一、聞聲追鳥

循著鳥聲找找看,你發現了幾種鳥,各有多少隻呢?(可以用望遠鏡從遠處觀看,太接近可能會嚇跑牠們)

1. 共有 ＿＿＿ 種

2. 每一種各有幾隻?
第一種:＿＿＿ 隻　　第二種:＿＿＿ 隻　　第三種:＿＿＿ 隻

二、張大眼睛仔細看

從鳥的各種特徵就可以辨認出種類,仔細觀察牠們的羽毛、嘴喙等,將觀察到的特點記錄在下方。

第一種:

1. 體型:＿＿＿＿＿＿＿＿(大或小,可用麻雀的體型來比較)

2. 顏色(分別觀察頭、身體、尾羽……,若有特別的顏色或特徵,也要記錄下來):
頭:＿＿＿＿＿＿　　身體:＿＿＿＿＿＿　　尾羽:＿＿＿＿＿＿
嘴喙:＿＿＿＿＿＿　　腳爪:＿＿＿＿＿＿　　其他:＿＿＿＿＿＿

3. 嘴喙形狀:＿＿＿＿＿＿＿＿

4. 走路方式（通常用走的還是用跳的）：＿＿＿＿＿＿＿

5. 叫聲：＿＿＿＿＿＿＿

第二種：

1. 體型：＿＿＿＿＿＿（大或小，可用麻雀的體型來比較）

2. 顏色（分別觀察頭、身體、尾羽……，若有特別的顏色或特徵，也要記錄下來）：
   頭：＿＿＿＿＿＿＿　　　身體：＿＿＿＿＿＿　　　尾羽：＿＿＿＿＿＿
   嘴喙：＿＿＿＿＿＿　　　腳爪：＿＿＿＿＿＿　　　其他：＿＿＿＿＿＿

3. 嘴喙形狀：＿＿＿＿＿＿＿

4. 走路方式（通常用走的還是用跳的）：＿＿＿＿＿＿＿

5. 叫聲：＿＿＿＿＿＿＿

第三種：

1. 體型：＿＿＿＿＿＿（大或小，可用麻雀的體型來比較）

2. 顏色（分別觀察頭、身體、尾羽……，若有特別的顏色或特徵，也要記錄下來）：
   頭：＿＿＿＿＿＿＿　　　身體：＿＿＿＿＿＿　　　尾羽：＿＿＿＿＿＿
   嘴喙：＿＿＿＿＿＿　　　腳爪：＿＿＿＿＿＿　　　其他：＿＿＿＿＿＿

3. 嘴喙形狀：＿＿＿＿＿＿＿

4. 走路方式（通常用走的還是用跳的）：＿＿＿＿＿＿＿

5. 叫聲：＿＿＿＿＿＿＿

三、畫圖紀錄

畫下這些鳥（若是因為距離太遠，可以先拍照，再看著照片畫）

四、用線索找答案

用剛剛記錄下的各種特徵，對照鳥類圖鑑，或是上網搜尋，找出他們是誰。也可以錄下他們的叫聲，上麥考利資料庫（Macaulay Library，https://www.macaulaylibrary.org）或 xeno-canto（https://www.xeno-canto.org）查詢。

將查詢到的名字及特徵整理在下面，這就是你的鳥類觀察資料庫喔。

第一種：

鳥名：_____　　特徵：_____

_____

第二種：

鳥名：_____　　特徵：_____

_____

第三種：

鳥名：_____　　特徵：_____

_____

第二關 「嗡嗡嗡」認識野蜂家族行動

※ 觀察時請注意安全，並請大人陪同 ※

　　台灣有各種野蜂，只要多多認識牠們，了解牠們的特徵和習性，就不用太過害怕嘍，一起來觀察認識牠們吧！

一、張大眼睛看特徵

　　書中提到了好幾種野蜂，牠們的特徵各是什麼呢？（可以從〈我不尋找，我發現——野蜂觀察〉的照片中，寫下你看到的特徵及特性。）

蜜蜂：_____

泥壺蜂：_____

長腳蜂：_____

虎頭蜂：_____

蛛蜂：_____

二、靠特徵辨真偽

　　下面哪些圖不是蜂家族成員？為什麼？寫下牠與蜂不一樣的地方。

A □　　　　　　B □　　　　　　C □　　　　　　D □

答：_____

_____

台灣石虎觀察行動

一、了解石虎生活環境

　　以前石虎生活在全台灣，現在僅在苗栗、台中和南投可以看到，你知道石虎喜歡生活在什麼環境中嗎？

_____

_____

二、張大眼睛觀察特徵

　　台灣石虎是台灣原生的野生貓科動物，家貓也是貓科動物，但牠們有很多不一樣的地方。請仔細觀察書中的石虎照片，選出石虎正確的特徵。並寫出你知道的其他特徵。

☐耳朵圓圓的　　☐耳朵尖尖的　　☐身體都是條狀斑紋
☐耳朵後面有白色斑塊　　☐身體是斑點花紋　　☐額頭有兩條白色條紋

其他特徵：_____

_____

三、畫圖紀錄

　　依照你寫的答案，畫下在野外自由生活的石虎和牠們生活的環境。

第一關

一、聞聲追鳥

1. 共有 <u>3</u> 種　　2. 第一種：<u>3</u> 隻　　第二種：<u>2</u> 隻　　第三種：<u>1</u> 隻

二、張大眼睛仔細看

第一種：

1. 體型：<u>大</u>

2. 頭：<u>黑色、白色</u>　　身體：<u>棕綠</u>　　尾羽：<u>棕綠</u>

　嘴喙：<u>黑色</u>　　腳爪：<u>黑色</u>　　其他：<u>肚子白色</u>

3. 嘴喙形狀：<u>尖短</u>　　4. 走路方式：<u>用跳的</u>　　5. 叫聲：<u>巧克力、巧克力</u>

第二種：

1. 體型：<u>大</u>

2. 頭：<u>灰色</u>　　身體：<u>咖啡色</u>　　尾羽：<u>黑色、白色</u>

　嘴喙：<u>黑色</u>　　腳爪：<u>紅色</u>　　其他：<u>脖子後面有黑底白色斑點</u>

3. 嘴喙形狀：<u>細長</u>　　4. 走路方式：<u>用走的</u>　　5.　　叫聲：<u>咕咕咕～咕</u>

第三種：

1. 體型：<u>大</u>

2. 頭：<u>黑色</u>　　身體：<u>黑色、藍色、白色</u>　　尾羽：<u>黑色</u>

　嘴喙：<u>黑色</u>　　腳爪：<u>黑色</u>　　其他：<u>肚子白色、尾巴很長</u>

3. 嘴喙形狀：<u>粗短</u>　　4. 走路方式：<u>用走的</u>　　5. 叫聲：<u>嘎！嘎！嘎！嘎！</u>

三、畫圖紀錄

<u>請自由發揮</u>

四、用線索找答案

第一種：

鳥名：<u>白頭翁</u>

特徵：<u>體型比麻雀大一點，頭頂有白羽，腹部和喉部也是白色，翅膀、尾羽則為棕綠色，腳爪為黑色。叫聲很多種，其中一種聽起來像「巧克力」。吃果實也吃昆蟲。</u>

第二種：

鳥名：<u>珠頸斑鳩</u>

特徵：<u>體型和鴿子差不多，略小一些，與鴿子同屬鳩鴿科，身體咖啡色，頸背部有黑底白色斑塊，像裝飾了好多顆珍珠，腳爪紅色。吃種子、果實。</u>

第三種：

鳥名：喜鵲

特徵：鴉科，體型大，背部為黑色、白色和藍色，腹部為白色，尾羽黑色、很長，頭、嘴和腳爪都是黑色。叫聲很嘹亮，雜食性，吃果實也吃小動物。

第二關

一、張大眼睛看特徵

蜜蜂：嚼吸式口器，身體毛茸茸，後腳有「花粉籃」構造可以放花粉塊，工蜂會採蜜和花粉。

泥壺蜂：腎形腹眼，身體瘦長，有大大的垂腹，單獨生活。雌蜂會用泥土築巢產卵，並麻醉毛毛蟲當作幼蟲的食物。

長腳蜂：腎形腹眼，體型大，個性溫馴，蜂巢用巢柄吊起來，家族成員比較少。會抓蟲回去餵幼蟲。

虎頭蜂：腎形腹眼，蜂巢有漂亮的虎紋，和蜜蜂一樣有社會性結構，會捕食各種昆蟲帶回巢餵食幼蟲。

蛛蜂：單獨生活，麻醉蜘蛛後產卵，幼蟲孵化後以蜘蛛為食。

二、靠特徵辨真偽

☑A ☑B

答：A 和 B 都是蚜蠅，觸角是 Y 字型，與蜂類分開的一對觸角不同，且後翅特化成平衡棒，蜂類還是兩對翅膀。

第三關

一、了解石虎生活環境

生活在淺山環境，有生長茂密的各種植物，也有竹林和人類開墾的果園。

二、張大眼睛觀察特徵

☑耳朵圓圓的　☑耳朵後面有白色斑塊　☑身體是斑點花紋

☑額頭有兩條白色條紋

其他特徵：腳也是斑點花紋、叫聲低沉、額頭的白色條紋延伸到頭頂。

三、畫圖紀錄

請自由發揮

知識館
成為小小生態觀察家
從觀察到保育，五位動物專家帶你走入野外調查的世界

作　　　者　李曼韻、林大利、袁守立、陳美汀、程一駿
美 術 編 排　黃鳳君
主　　　編　汪郁潔
責 任 編 輯　蔡依帆

國 際 版 權　吳玲緯
行　　　銷　何維民 吳宇軒 陳欣岑 林欣平
業　　　務　李再星 陳紫晴 陳美燕 葉晉源
總 編 輯　巫維珍
編 輯 總 監　劉麗真
總 經 理　陳逸瑛
發 行 人　涂玉雲
出　　　版　小麥田出版
　　　　　　10483 台北市中山區民生東路二段 141 號 5 樓
　　　　　　電話：(02)2500-7696
　　　　　　傳真：(02)2500-1967
發　　　行　英屬蓋曼群島商家庭傳媒股份有限公司
　　　　　　城邦分公司
　　　　　　10483 台北市中山區民生東路二段 141 號 11 樓
　　　　　　網址：http://www.cite.com.tw
　　　　　　客服專線：(02)2500-7718 ｜ 2500-7719
　　　　　　24 小時傳真專線：(02)2500-1990 ｜ 2500-1991
　　　　　　服務時間：週一至週五 09:30-12:00 ｜ 13:30-17:00
　　　　　　劃撥帳號：19863813　　戶名：書虫股份有限公司
　　　　　　讀者服務信箱：service@readingclub.com.tw
香港發行所　城邦（香港）出版集團有限公司
　　　　　　香港灣仔駱克道 193 號東超商業中心 1/F
　　　　　　電話：852-2508 6231
　　　　　　傳真：852-2578 9337
馬新發行所　城邦（馬新）出版集團 Cite(M) Sdn. Bhd
　　　　　　41-3, Jalan Radin Anum,
　　　　　　Bandar Baru Sri Petaling,
　　　　　　57000 Kuala Lumpur, Malaysia.
　　　　　　電話：+6(03) 9056 3833
　　　　　　傳真：+6(03) 9057 6622
　　　　　　讀者服務信箱：services@cite.my
麥田部落格　http:// ryefield.pixnet.net
印　　　刷　前進彩藝有限公司
初　　　版　2021 年 10 月
售　　　價　350 元
版權所有 翻印必究
ISBN 978-626-7000-19-9
EISBN：9786267000182(EPUB)
Printed in Taiwan.

國家圖書館出版品預行編目資料

成為小小生態觀察家：從觀察到保
育，五位動物專家帶你走入野外調
查的世界/李曼韻, 林大利, 袁守立,
陳美汀, 程一駿作 . -- 初版 . -- 臺北
市：小麥田出版：英屬蓋曼群島商
家庭傳媒股份有限公司城邦分公司
發行 , 2021.10
　面；　公分 . -- (小麥田知識館)
ISBN 978-626-7000-19-9(平裝)

1. 動物生態學 2. 通俗作品 3. 臺灣

383.5　　　　　　　　110014027

城邦讀書花園
www.cite.com.tw
書店網址：www.cite.com.tw